天赋驱动

[美] 劳拉·加尼特 著
徐阳 译

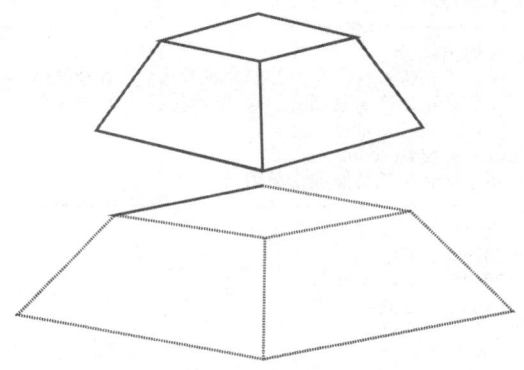

天地出版社 | TIANDI PRESS

图书在版编目（CIP）数据

天赋驱动 /（美）劳拉·加尼特著；徐阳译. 一成都：天地出版社，2023.1
ISBN 978-7-5455-6542-3

Ⅰ. ①天… Ⅱ. ①劳… ②徐… Ⅲ. ①成功心理—通俗读物 Ⅳ. ①B848.4-49

中国版本图书馆CIP数据核字（2021）第248581号

THE GENIUS HABIT: HOW ONE HABIT CAN RADICALLY CHANGE YOUR WORK AND YOUR LIFE By LAURA GARNETT
Copyright: ©
This edition arranged with CAROL MANN AGENCY
Through BIG APPLE AGENCY, INC., LABUAN, MALAYSIA.
Simplified Chinese edition copyright:
2022 Beijing Wisdom and Culture Co., Ltd.
All rights reserved.

著作权登记号　图字：21-2021-265

TIANFU QUDONG

天赋驱动

出 品 人	杨　政
作　　者	［美］劳拉·加尼特
译　　者	徐　阳
责任编辑	霍春霞
责任校对	杨金原
装帧设计	末末美书
责任印制	王学锋

出版发行	天地出版社
	（成都市锦江区三色路238号 邮政编码：610023）
	（北京市方庄芳群园3区3号 邮政编码：100078）
网　　址	http://www.tiandiph.com
电子邮箱	tianditg@163.com
经　　销	新华文轩出版传媒股份有限公司

印　　刷	嘉业印刷（天津）有限公司
版　　次	2023年1月第1版
印　　次	2023年1月第1次印刷
开　　本	880mm×1230mm　1/32
印　　张	8
字　　数	208千字
定　　价	59.80元
书　　号	ISBN 978-7-5455-6542-3

版权所有◆违者必究

咨询电话：（028）86361282（总编室）
购书热线：（010）67693207（营销中心）

如有印装错误，请与本社联系调换。

目录
CONTENTS

引言 / 001

第一部分 挑战性

第一章 你已独具天赋

天赋养成 / 005

"业绩追踪器":天赋养成的工具 / 009

忘掉你的智商吧 / 011

不是做你喜欢做的事,而是做你应该做的事 / 012

发现自己的天赋并致力于天赋养成 / 014

第二章 如果你在工作中失败了,那你就找错工作了

运用你的天赋,让艰辛的工作充满活力 / 021

功成身退的神话 / 022

确定你的工作是否适合你 / 024

换工作并不意味着失败 / 027

你准备好要做什么工作了吗 / 029

你可以掌控适度的挑战 / 033

第三章　识别你的天赋

确定自己何时处于天赋地带 / 035

重新审视人生，找到你的天赋 / 040

给自己的天赋命名 / 050

你的人格类型如何影响你的天赋 / 054

了解你同事的人格类型 / 055

在工作中运用天赋 / 056

如何说"不" / 058

确定了天赋的本 / 060

第二部分　影响力

第四章　不要再肆意宣泄激情，要找到自己的目标

确定你的核心情感挑战，并通过它找到你的目标 / 073

找到你的核心情感挑战 / 077

解决你的核心情感挑战 / 081

重新规划职业生涯的艾丽卡 / 086

你知道自己的目标是什么吗 / 088

将目标付诸行动 / 091

第五章　满足感＝影响力

内在动机与外在动机　/ 094

通过评估你利用目标的频率来衡量你的影响力　/ 096

最大限度地发挥你的影响力　/ 098

个人影响力如何提升整个团队的工作效率　/ 100

进入天赋地带，将天赋与影响力合二为一　/ 103

运用天赋将事业提升到更高的水平　/ 104

把在天赋地带工作的习惯带回家　/ 106

任何人都有目标和影响力　/ 107

········ **第三部分　愉悦感** ········

第六章　不要再将成就感等同于快乐

成就主义者　/ 114

我是如何戒掉成就之瘾的　/ 117

工作中持续的快乐　/ 118

消极的思想会影响你的表现　/ 119

"金手铐"的诅咒　/ 120

成就主义者——塔比瑟　/ 121

你是一个成就主义者吗　/ 123

从未在工作中找到乐趣的汤姆和凯特　/ 124

用愉悦感取代成就感　/ 128

第七章　把导师暂时放在一边

我真的需要导师吗 / 131

如何让导师发挥作用 / 133

如何找到合适的导师 / 134

建议与支持的区别 / 135

建议很好，但支持是必要的 / 137

在征求意见或寻求支持时要保持警惕 / 138

谨慎对待家人的建议 / 139

"取得好成绩，上大学，找工作"并不适用于每个人 / 140

创造反馈回路 / 144

尊重你的直觉 / 146

第四部分　正念

第八章　你的自我价值在于自信

消极情绪的触发因素是如何影响自信的 / 155

讨厌即兴发挥的阿比 / 156

信心游戏 / 158

冒名顶替综合征：我们不相信自己是"货真价实"的 / 160

让失败成为你成功的一部分 / 161

保持成长型思维模式 / 163

杜绝"我不够聪明"的心理暗示 / 164

通过成长型思维模式克服自我怀疑　/ 166

你的思维模式属于哪一种　/ 168

建立正念和自信的心灵咒语　/ 169

第九章　提升你的能量

力求一切做到最好其实并不好　/ 171

你快精疲力竭了吗　/ 173

为什么睡眠不足是新型烟瘾　/ 174

你的时间是如何度过的决定了一切　/ 177

创造你理想的工作日　/ 180

运动有助于你运用自己的天赋　/ 182

冥想是一种馈赠　/ 183

设定界限有助于保持精力　/ 184

转移工作方向　/ 186

第五部分　毅力

第十章　保持好奇心，要有勇气，并把逆境视为机遇

逆境是成功不可或缺的一部分　/ 192

好奇心引领创新　/ 195

逆境突围　/ 197

走出你的舒适区　/ 199

提高专注度，成为某一领域的专家 / 202

以毅力和好奇心面对逆境 / 203

第十一章　拥抱求职与一切未知

确保职业愿景清晰可见 / 207

在求职过程中运用你的天赋 / 210

每次面试都要提到自己的天赋 / 212

建立自己的品牌 / 213

天赋网络 / 214

第十二章　你的天赋不会改变，但你会

制订一份天赋追踪计划 / 219

使用"业绩追踪器"规划未来 / 222

在绩效考核中使用"业绩追踪器" / 223

你能成为理想的员工吗 / 224

你能成为理想的领导者吗 / 225

巅峰表现可以成为常态 / 226

后　记 / 228

附　录 / 230

引 言

前不久，在旧金山出差时，我参加了一个晚宴。主人的家很漂亮。这是一个极尽完美的家，内饰装修典雅高贵，家具摆设时尚舒适，餐厅可以容纳十人同时就餐，而且布置得精致温馨。我透过窗子放眼望去，金门大桥尽收眼底。

这座豪宅的主人是我遇到过的最脚踏实地、风趣幽默的两个人。为了拥有这样的财富和地位，他们一直刻苦努力、拼搏上进。他们的朋友大多类似，都拥有令人羡慕的财富和地位，他们的孩子均就读于私立学校——只此一项就开支不小。参加当天晚宴的每个人都衣着精致，过往履历都令人印象深刻。我本以为人们会像在一般宴会上那样轻松自在，比如聊聊工作的情况、彼此相识的过程等，没想到当我们坐下来吃晚饭的时候，女主人却提议玩一个小游戏。她说："这里有个相信大家都能回答的问题。如果你还有机会重新选择职业，选择你想要的工作，那么你会做出怎样的选择？"

以在场每个人所获得的成功和财富来讲，你可能以为他们会对现有的工作感到满意——毕竟，他们在大多数人都艳羡的事业中表现出色。然而，在座的每个人几乎都有各自不同的愿望，都想要做一些与他们的现有工作不同的事情。他们显然不喜欢他们现在的工作。一位律师想成为一位音乐家，而一位科技行业的高管则希望成为一位作家。他们的妻子听完爱人的话，似乎都显得很紧张。很明显，他们以前从未坦陈过这样的想法，可能是因为一想到失去哪怕一分钱的收入都会令她们恐惧万分。他们的生活方式决定了他们对高薪工作的需求，不管他们是否真正喜欢正在做的事情。

当轮到我的时候，我说："事实上，我不会改变任何事情。我正在从事的就是我想要做的工作。"

"哦，拜托，"坐在我旁边的营销经理说，"得了吧，没有什么人对工作会那么满意。"桌旁的其他人也都喃喃地说着同样的话。

大多数人对自己的职业或多或少都有着这样或那样的遗憾，以至于当我说我多么热爱自己的工作时，很多人都感到震惊——毕竟我的说法与大家常常听到的大相径庭。事实上，我的工作使我充满了干劲儿，也造就了现在的我，并且是理想中的我。在怀孕的头三个月里，我患上了严重的疾病。在那个时候，正是我的工作给予了我继续活下去的力量。说真的，对我而言，相较于假期，工作更具吸引力。当我享受着愉悦无比的假期时，我仍然渴望回去工作。我希望每天都是工作日，甚至不盼望周末的到来。我不会憧憬其他职业，也不会做什么白日梦，因为我已经成为自己理想中的样子。我从来没有想过我对自己的工作会产生这样的感觉——但事实的确如此。

我说的这份听起来像是乌托邦的工作来之不易。为了拥有这样一份让我真正热爱的工作，我付出了很多。我一直胸怀抱负，然而在我刚走出大学校园的时候，我茫然无措，并不知道该做什么。在我的整个童年时期，我被告知成功就是指学习成绩优秀，考上好大学，有一份好工作——任何高薪的工作都是好工作。父母几乎不会说找工作要优先考虑幸福感或职业满足感，他们认为真正重要的应该是高收入带来的安全感。

尽管我明白我应该遵守这样的职业规划原则，但我的职业路径还是有点儿不同。大学毕业后，我花了两年的时间来寻找合适的工作。我先是在荷兰找了份工作，然后回到家乡，开始攻读营养学硕士学位。我虽然始终都有热情去学习营养学，却发现与他人沟通并为之建立健康的行为习惯的过程是无聊且乏味的，对我而言，这没有什么挑战性。我很快就放弃了学习营养学，搬到了弗吉尼亚州的里士满，在一家葡萄酒分销公司找到了一份行政助理的工作。与此同时，我关注着公司的另一个职位：葡萄酒销售。我认为只要足够努力、全力以赴，管理者就会认可我的主动性，并且提拔我。我日复一日地做着发票归档这样的工作，白天没有完成的事情，晚上带回家继续做完。尽管这份工作使我感到厌烦，但我很努力，就为了向首席执行官证明我的价值。我对自己没有清晰的认知，也不知道自己擅长什么，但我会不惜一切代价完成这份工作。

一天，首席执行官把我叫进了他的办公室。他说："你知道吗，劳拉，我们认为你太适合这份工作了，但是我们遇到了经费问题，没有预算了，所以我们还是放你走吧。我建议你最好做点儿别的。"

我尽管很痛苦，但知道他是对的。这份工作不适合我，这不是我该做的。正如我在这本书中多次提到的那样，被炒鱿鱼或者被赶出公司，未尝不是一种幸运。我们要尝试着展开双臂继续前进。道理我们都明白，但在那一刻，我们还是会认为自己被彻底否定和拒绝了。

我泪流满面地跑出办公室，决定立刻找到一份新工作。碰巧，我遇到了一位在美国第一资本投资国际集团（以下简称"第一资本集团"）工作的朋友。他告诉我，集团正处于迅速扩张的发展阶段，在招聘方面有着独特的企业理念——不强调经验或资历，更看重你是否能通过极其严格的面试程序。你如果通过了包括逻辑能力、计算水平等在内的一系列测试，就会成为候选人。

最终，我被聘任为营销经理。集团提供了一份我以前无法想象的薪水，比我以前任何时候挣的钱都多。我开心得跳起来，不停地尖叫着，感觉我的生活才刚刚开始。

第一资本集团的理念是：你可以在工作中学习。这对于我来说简直好极了！我从来没有做过营销工作，也没有相关的知识积累，本科主修政治学，辅修社会学，虽然具备一定的批判性思维，却没有营销策略。工作伊始，我加紧努力，取得了一些成绩，也学到了很多东西。随着时间的推移，我遇到了很多机会。最后，我申请加入第一资本集团的营销与分析团队——最好的职员都在那里。我下定决心要进入这个一流的团队，因为这段经历会在我的简历上添上浓墨重彩的一笔，也会让我觉得自己既重要又充满智慧。我成功了。

我随着所在团队一同搬到了华盛顿。三个星期后，管理层决定解散我所在的团队。那时是第一资本集团发展的鼎盛时期，因此机构重组实际上是一次难得一遇的机会。一旦有机会，我们的人生便会开启一扇崭新的大门。

一天，经理问我："你有什么打算吗？"

我酷爱旅行，所以我回答："有没有国际性的工作可以做？我怎样才能加入国际团队呢？"他回答道："目前，南非有一个小组正在招聘。"两周后，我登上了飞往南非的飞机。在南非，我一待就是两年。那个团队的成员都很有创业精神。因为我们在当地算是白手起家，所以我们每天的工作量都相当于美国国内25个人的工作总量。但我越干越有信心，无比激动，无比振奋，觉得每天都很充实。最重要的是，我遇到了一个男人，和他坠入爱河，然后结婚了。他也在第一资本集团工作。

婚后，我们又短暂地在南非工作了一段时间，接着去了西班牙，然后是伦敦，最后到了华盛顿，而我们与第一资本集团的缘分则到了尽头。回到美国后，我感觉自己更像供职于一个大型组织，而不是一家国际初创企业。没过多久，我就意识到这样的工作不会带给我任何乐趣了。在工作中，我感受不到任何激励。我不知道我所做的工作会令公司发生怎样的改变，或对其产生怎样的影响。我的工作基本上是操作性的，而不是战略性的，我失去了对工作的所有热情。我感到无聊，没有灵感。更令人沮丧的是，我看不到成为理想中的自己的一点儿希望。我丈夫也有类似的感觉，于是我们决定跳槽。我们收拾好行李，从华盛顿搬到了纽约。

不到一个月，我就在谷歌找到了一份销售工作。一开始，我欣喜若狂。2005年，谷歌的确称得上是求职者的天堂，它即刻给予了我吹嘘炫耀的资本。然而，令我感到沮丧的是，当真正开始工作后，我才发现这真是一份可怕的工作。我完全没有自主权，对于客户的任何需求，我必须立即做出反应，而且这似乎是永无止境的，日常工作都变得不可控起来。毫不意外，我被降职了。虽然我曾在第一资本集团带领过一个由五个人组成的团队，但在谷歌，我是一个不能参与管理的销售团队的普通职员。当发现这份工作不适合我时，我自责道：也许在面试过程中，我并没有全面地展现自己。我太渴望谷歌的这份工作了，而且不喜欢不停地寻找工作，一心想着赶紧找份新的工作。最后，我接受了面试的第一份工作，犯了很多人不断重复的错误。因为这份工作碰巧是在谷歌——这个世界上极负盛名的公司，我没有停下来问自己这是不是适合我的工作。

这是我一生中第一次亲身体验"惧怕工作"的感受，以前我只是从别人口中听说过这样的事情。这对我来说是一段艰难的时期——我讨厌我的工作，与此同时，我的婚姻也开始分崩离析。

我没有另找一份工作，而是决定继续下去，再工作一年，因为我知道那样我就可以调换部门了。一年之后，我申请调到另一个看起来更适合自己的岗位。在最初的十个月里，这份工作似乎真的更适合我。与此同时，我离婚了，但还要继续工作，继续我的生活。我所在的部门进行了重组，我的工作随之发生了变化。之后，我又被调到了一个不适合我的岗位。我的经理不支持我，我很难在公司内找到另一个机会。其间，我发现自己经常生病，每个月都会发高烧，一烧起来，好几天都不能下床。我担心自己的身体出了问题，便问诊了很多医生，还做了一些血液测试，结果都是阴性。在医生们看来，我一切正常，一切都很好。我继续坚持，并且坚信：如果我更努力，也许就能在这里成功；如果我更努力，也许就能克服弱点而变得强大；如果我更努力，也许就能融入其中。

尽管我知道自己的这份工作真的不怎么样，但我沉溺于这份工作的福利待遇中：免费餐食、免费饮料、免费小吃和五美元一次的按摩（每隔一天便可以做一次）。部门经理已经和我谈过，他认为这样的我是不会成功的。我清楚这份工作不是我所擅长的，但我就是不能忍受失败的结果。我开始想：我已经三十三岁了，我真正想做的工作究竟是什么？为什么我至今还没有想清楚？

我从小被灌输的教育就是先抛开自己的想法，去向他人寻求帮助，依靠他人的反馈、建议来做决定。在寻求答案的过程中，我和前辈们一起工作，并读了很多正能量的书，试图找到真正的自己。我会对很多见解产生共鸣，但有时也会不为所动。

回到谷歌的办公室里，我聆听了畅销书作者斯瑞库马·拉奥（Srikumar Rao）的演讲。他问人们："你能想象你每天早上醒来双手合十、双膝跪地来感激工作和生活吗？你能想象你每天早上几乎都沉浸在喜悦的泪水中吗？"我渴望那种感觉，但我清楚自己没有那种感觉。在外界看来，我生活中的一切都很好。旁观者会说："劳拉是个很有成就的人。她曾在世界顶尖的公司工作。她每时每刻都在成就自己！"

事实上，对我而言，并非如此。我怀疑一切。我最擅长什么呢？我该怎么办？我怎样才能创造出梦寐以求的事业，取得成功呢？我读了能找到的关于事业和成功的每一本书，并努力寻找具体的答案。我四处求职，很快在一家初创公司找到了一份工作，然后离开了谷歌。我在那家公司工作了九个月，但在最初的一个月里，我就知道这又是一份不太适合我的工作。我感到沮丧，仿佛永远都找不到适合自己的工作了。我质疑自己的未来、自己的价值和我自己。然后，我被公司解雇了。我永远不会忘记那一天——我被逐出了弗兰克·盖里设计的大楼。在那一刻，我决定：如果我梦想的事业不存在，那么我将从零开始创造它。

不可思议的是，在我刚被解雇的几周时间里，我便接到了斯瑞库马·拉奥的电话。他在谷歌演讲后，我又见过他，并聊过几次。在一次谈话中，我表达了自己想为他工作的意愿。现在他打来电话，表示接受我的提议。这让我欣喜若狂！一直以来梦寐以求的工作，现在仅咫尺之遥。我成了他的销售和运营主管，帮助他发展业务，帮助读者获得快乐。在和他一起工作的日子里，我一直在观察和学习。他给我上了宝贵的一课：获得幸福的人不仅仅是幸运的人。幸福来自一天天的积累，这是你可以养成的一种习惯。当我意识到我的幸福取决于自己时，我每天都在努力积攒力量和信心，不久，幸福就开始降临。养成获得幸福的习惯是我获得现有工作的重要基石。

与这位个人成长领域的畅销书作者共事后，我开始对自己的职业进行重新规划。我意识到，与这样的作家共事并不是我想要的，我想要的是和企业家一起工作，但前提是要用我自己的方式。我钟爱品牌构建，要想创立一个成功的品牌，首先要做的便是真正明白自己。我开始深入挖掘这个主题。随着时间的推移，我明白让我兴奋的不在于一个个品牌本身，而在于确定主体客户，以及帮助他们进行职业规划，而不仅仅局限于他们在小企业中的发展。当我意识到这就是自己想要专注的事业时，我决定继续改变。我回到了原点，把目标锁定在企业领导者身上。

我开始与大中小型企业的人共事，帮助他们提升业绩，帮助他们弄懂自己，而不是漫无目的地从一家公司跳槽到另一家公司。我也在践行着我所讲过的话，在工作中建立自信、更加专注、失败时继续坚守、跟踪处于最佳状态的时刻并适时地调整，以期言行一致。当我做到这些时，我变得更快乐了，工作也变得更有趣了。我比以往任何时候都更有能力完成我的工作。当我开始拒绝别人对我的工作提出建议或假设的时候，我的整个生活都改变了。在此过程中，我对客户使用的独特的观察和跟踪方法的效果慢慢出现，我的业务开始真正有了起色，我的最大化发挥职业潜能的方法论也诞生了。

我的事业是在大量的尝试和不断的失误中发展起来的，我特别享受现在的这份工作。当我问人们问题的时候，从他们的回答中，我会总结出一些模式，而这些模式会转化为我的见解，最终用于有针对性地给他们提出具体的建议，并为他们带来积极的改变。这样的工作和思考过程是真正让我兴奋的源泉。每当我这样做的时候，我就完全忘记了时间，感觉自己好像达到了燃点。随着时间的推移，我可以轻而易举地创造出更多这样的机会，并用我独特的方式解决问题。我把这种主动创造事业的方式变成了一种习惯。我练习得越多，工作对我而言就越有挑战性，并赋予我更大的满足感。

在我创业的初期，父母担心我永远都无法挣到足够的钱来养活自己，甚至担心我会无家可归。哥哥告诉我，我必须先拿到工商管理硕士学位，才能去闯荡。但我坚信，是时候验证我对工作和职业的理念了。

当时我所得到的支持来自两个女人，两个勇敢的女人，她们也希望自己可以创业。我们三个人是在咖啡馆遇见的，相互诉说了眼下的打算，互相鼓励，互相支持。我有一些积蓄，只留了一小部分钱来维持基本的生活，其余的钱都用来创业。经过几年的努力，我们已经拥有了稳定的客户群，其中不乏个人和形形色色的公司。巧的是，第一资本集团成了我的第一批客户之一。

如今，我自认为算得上一位成功的绩效策略师，在帮助人们了解他们在职场中获得出色表现所需的特定行为和习惯方面有一定的权威。在对现有的研究成果分析总结的基础上，我提炼出了独具开创性的想法，帮助人们有效地规避了一些错误的做法，从而能更好地融入某个行业。我的客户认识到，实现美好生活和获得一份喜爱的工作的关键在于真正地了解自己是谁、自己最擅长的是什么，并把这些知识运用到他们的日常工作中。这样一来，任何人都可以拥有适合自己的职业。

你能在工作中获得幸福感吗？你可能经历过和我同样的事，可能对现在的工作不满意，可能觉得没有成就感，可能在试图改变你自己……我的目标是帮助你更好地了解自己。只有这样，你才能够在工作中获得幸福感和成就感。

我认为，成功不在于你赚了多少钱，也不在于你影响了多少人，而在于你每天都对自己所做的工作感到满意。如果你真心热爱自己的工作，它就会充满挑战，带给你足够的成就感，而你会最大限度地发挥自己的潜力，做出真正有意义的贡献，并在这个过程中获得乐趣。这就是为什么我乐于说成功是必然的，无论你如何定义它。

作为一名绩效策略师，我会面对形形色色的人。他们都在努力解决那些曾经让我夜不能寐的问题：我该怎么办？我有什么特别之处？我听说过一些人的经历，他们在工作中如履薄冰、困顿不堪，而他们的同事却一跃而起，把一个个成就收入囊中。这些人会私下里抱怨自己的能力被枉费了，但不知道该做些什么，也不知道怎么去改变。

通常情况下，我的客户会抱怨在职场中感到"不自在"，而事实上，这种不断受挫的职业感受背后都有一个真正的原因。无论是面对一个压力很大的新工作或任务时产生焦虑，还是认为当下的职位不利于发挥自己的长处，或者担心自己偏离了原来的职业目标，类似这样的抱怨，我从客户那里听到了很多，但所有这些问题都有一个令人惊讶的相似的根源。他们总是在抱怨，他们想要做更好的工作，他们认为只有自己的想法才是最明智、最具战略性、最具前瞻性、最高效的，他们不喜欢总是被人指手画脚。

刚走出校园的毕业生会说，他们不知道该从哪里开始，或者已经放弃了找工作的希望。他们彷徨困顿，误以为工作上的不满本就是工作中不可或缺的一部分，或者本就不应该幻想着享受工作中的乐趣，接受现实就行了。对他们而言，梦寐以求的升职终究是黄粱一梦，他们只能终日伏案于烦琐且吃力不讨好的工作上，那些更具挑战性的工作始终遥不可及。不过，又有谁不是这样一路走过来的呢？

在对商业、健康和心理学领域许多顶尖专家的研究成果学习的基础上，我得出了这样的结论：人们完全有可能找到一份令自己深感满足和有意义的工作，而这也是获得更高层次的成功和持续快乐的秘诀。事实上，工作中的满足感不仅是美好的，更是在经济动荡不安的世界里就业保障的关键。实现这一目标的方法是找到你的天赋、你的目标，了解你对他人的影响以及对你工作表现至关重要的核心行为和思维模式。我花了很多年才弄明白如何才能达成目标，然后将其精准地运用到我的事业中。我愿这本书能够帮助你比当年的我更快地在工作中获得幸福感和成就感。如果你能够运用这些方法，我相信你可以在短时间内有重大的改变。

我保证你不需要像爱因斯坦那样思考就能发现和运用自己的天赋。天赋就在我们每个人身上，你要做的就是识别它，并学会如何把它运用到你每天的工作中。我希望这本书中的信息能帮助你更深入地了解自己，告诉你该往哪里去，这样你就可以积极地开创出理想中的事业。

挑战性 第一部分

THE GENIUS HABIT

发现天赋并不是为了改变自己，而是为了运用天赋培养一种高效处理事务的能力。请放心，无论你是否意识到，你的天赋在日常工作中都已经有所显现。我将帮助你发现你的天赋，让你在工作中很好地驾驭它。你一旦发现了自己的天赋，并学会运用它，就可以在完成各种任务的过程中变得出类拔萃，度过充实的职业生涯。

第一章　你已独具天赋

问题：工作中你是否见解独到？

天赋养成计划：了解天赋，并致力于天赋养成。

一直以来，你可能认为天赋就意味着天赋异禀，一个非凡的天才所表现出的行为会与众不同，无论是唱歌、领导团队、做买卖，还是手持手术刀。当然，很多人认为只有像爱因斯坦那样的人物才可以被称为天才，但是近年来越来越多走入人们视野的公众人物也会被认为是天才。史蒂夫·乔布斯（Steve Jobs）是一个天才，他总是能够把握产品设计对产品开发的重要性；碧昂丝·吉赛尔·诺斯（Beyoncé Giselle Knowles）在音乐方面有较高的造诣，同时，她还是一位营销天才，因为她不拘一格、另辟蹊径地推出了她的超级专辑《柠檬特调》（*Lemonade*）；乔治·卢卡斯（George Lucas）是打造"星球大战"系列的天才。这些人都在各自的领域表现出了杰出的天赋，正是这样的天赋才使他们取得了许多人意想不到的成功。因此，我们认为他们是天才。

字典中对天才的定义是"一个超出一般人才能的人",对此我不否认,但我认为我们需要重新思考天才的概念,把它变成另一种更容易理解的概念。在多年的职业生涯和以往的经历中,我帮助很多人取得了不可思议的成功,并发现每个人都具有独一无二的天赋。你的天赋使你拥有独特的思维方式和解决问题的方法,它更多地与你对待工作的态度有关。当你能在工作中发现自己的天赋时,你就会发现一切都将彻底改变。当你找到自己最擅长的工作方式时,你就会将全部精力投入工作。这时,你发现你的工作会以最好的方式呈现出来,并变得富有挑战性,它会成为一种快乐的源泉,而不是令人厌烦的事。

通过本书你将了解到,**发现天赋并不是为了改变自己,而是为了运用天赋培养一种高效处理事务的能力**。请放心,无论你是否意识到,你的天赋在日常工作中都已经有所显现。我将帮助你发现你的天赋,让你在工作中很好地驾驭它。你一旦发现了自己的天赋,并学会运用它,就可以在完成各种任务的过程中变得出类拔萃,度过充实的职业生涯。

我的一位客户发现了自己的天赋。她意识到,当她提出新想法,并且能用精准而富有吸引力的语言表述出来时,她就会在工作中处于最佳状态。我认为用具体的短语来定义天赋是一种简捷有效的方法,所以就将像她那样拥有这种与生俱来的天赋的人定义为"思想架构师"。我们为她制定的策略是:在工作内容上投入更多时间。由于我们有意识地帮她发现自己的天赋,并找到更多的方法将其融入日常工作中,她立即对自己的工作变得更加积极,并且充满自信。她找到了工作中最吸引她的地方,并取得了卓越的成就。这使她深入地了解了自己的满足感和成就感从何而来。而且，最重要的是，她不需要去学习新技能，也不需要改变自己。如今，她对让自己在工作中更快乐并获取成功的方法了然于心。

虽然对天赋的一般定义意味着人要么有天赋，要么没有，但我发现，**一个人的天赋并不是固定的，它可以随着时间的推移而提升**。人类与生俱来的灵活性和发展能力证明了每个人都"天赋异禀"。我们只需要找出我们最棒的思维方式，不断将其运用于新的环境中，并在日常生活中将其培养成一种思维习惯即可。当你主动去探寻能让自己运用天赋的工作时，你就已经向天赋养成[1]靠近了一大步。

天赋养成

天赋养成的关键在于持续发挥自己的优势，并且不断强化有助于成功的行为。这个习惯可以确保你时刻意识到自己的表现和目标。我研究了数十种改进工作表现的机制和方法，其中许多看起来很有用，但我想知道这些方法的普遍性，也就是说，它们能否被任何人用在任何工作中。对我来说，我很难对办公室中日常发生的林林总总的事情有清晰的认知，也难以清晰地界定一个人的决定和行为与其本身之间

---

[1] 研究表明，天赋可以通过后天养成。盖洛普公司（Gallup）全球创始人唐纳德·克里夫顿（Donald Clifton）博士研究发现，我们的天赋来源于我们独特的神经网络，它由大脑中的突触连接形成，是遗传和早期（3~15岁）与外界交互的共同结果。佛罗里达州立大学心理学教授安德斯·艾利克森（Anders Ericsson）经过几十年的研究发现，天才是有效训练的产物，而这种有效的训练就是刻意练习。

的联系。我总结出了一系列可促进天赋养成的关键行为习惯。这些行为习惯提高了我的工作积极性,让我能更深入地了解自己,了解如何更好地工作,并彻底改变了我对工作的看法。当我发现拥有出色表现的关键在于将运用天赋变成一种习惯时,我就意识到,或许这个偶然的发现就是可以帮助几乎所有人在工作中更快乐和更成功的方法。

习惯是人类在无意识状态下自然形成的,它可以使大脑高速运转,使工作和生活变得更加简便。《习惯的力量》(The Power of Habit)一书的作者查尔斯·都希格(Charles Duhigg)认为每种行为习惯在大脑中都会形成一个简单的回路,每个回路都由三个部分组成:提示、过程和奖励。大脑接收到信号后自动响应,形成一系列机体、情感或精神的反应过程,最后形成奖励。例如,我每天早上都有喝咖啡的习惯,一睡醒大脑就会提示我走进厨房,接下来的反应过程便是选取适量的咖啡并加入水之后开始煮咖啡,然后等着享用,得到的奖励是喝完一杯暖暖的咖啡后,精神为之一振。因为每天如此,我不再需要细想这个过程中的每一步。我不是盲目地将咖啡或杯子摆来摆去,我的大脑会自动驱使我完成这一系列动作。

当然,有些习惯可能比煮咖啡更复杂。在工作中也会形成习惯,特别是消极的习惯,它的形成是潜移默化的,甚至我们可能很难察觉到。例如,当你本应该专注于富有成效的工作时,你却在不停地查看电子邮件的收发情况。这是一个普遍存在的坏习惯,人人都知道这个习惯不好,却很难打破它。再如,每天早上去餐饮区吃甜甜圈,在办公桌前机械地吃着午餐,和同事闲聊等,这些都是身在职场中的人经常会有的习惯。我们可以从更加深入的角度来审视这些习惯。人们一般会选择维持现状，因为打破现状似乎太困难了，甚至具有颠覆性。比如，面对一份明知不合适的工作，你还是会选择继续做下去。在这种情况下，你会接收到大脑这样的提示：你的工作很无聊，上一次评审中你的建设性意见很难落地，这样的工作干得很没意思。接下来你可能会经历这样的过程：你和几个信任的同事谈论这种挫败感或焦虑，将所有负面情绪和不快乐归咎于你的经理、其他同事或其他一些外部因素。至于奖励嘛，可能是你的同事会认同你的想法，也可能是他们同样感到沮丧或无聊，这样你会感到欣慰，因为并不是你一个人有这种感觉。毕竟，这不就是工作吗？

你顺从于一份无法令你有任何兴奋感的工作，这会逐渐形成一种惯性。你对工作的消极感开始变得习以为常，每当你向处于"同一条船"上的人投去同情的目光时，你实际上已经接受了这些挫败。当你陷入这个循环中时，换工作似乎是打破你不喜欢的工作现状的唯一途径。但是，另找一份工作的压力和其所带来的麻烦似乎更加让人望而生畏。这会成为一种恶性循环，一直困扰着你。

目前，在更广泛的职业规划层面上，这样的惯性层出不穷。你对工作不满意时，就会收到这样的提示：是时候换份工作了。但你不知道应该寻找什么样的新工作。接下来你便开始寻找新工作，向你能想到的每一个人征求意见，然后盲目地去应聘。你根据收到的建议采取了行动，得到的奖励是焦虑感暂时减弱。以后，当你遇到和以前类似的问题时，这种恶性循环便再次开始。尽管你听从了每个人的建议，做了一个看起来似乎是积极的选择，但结果很明显，新工作也没那么好对付，你得不到任何激励。这种在没有真正理解自己为什么会对工作不满意、如何才能让自己在工作中更快乐前就换工作的情况，许多人都存在。它促使一种文化理念的形成：工作不能也不应该成为你人生中最好的一部分。

如果这些经历于你而言似曾相识，那么你应该有意识地去打破惯性。那些热爱自己工作的人或在工作中取得成功的人，都能够充分运用自己的天赋，建立起能让自己学习和成长的良好行为习惯，无论他们遇到什么。当他们发现自己所从事的工作已无益处时，无论是因为工作无聊还是自己表现欠佳，他们都会选择通过一种截然不同的新程序去解决问题，并最终得到不错的回报。

我将提供一些工具，帮助你打破那些已有的习惯，在职业生涯中找到真正的幸福和成功。其中一个重要的工具便是"业绩追踪器"，这是这个新程序的核心。"业绩追踪器"会向你提出以下问题：（1）你工作中遇到的问题的根源是什么？（2）在你的职业生涯中，对你来说真正重要的事情是什么？（3）在日常工作中，你擅长处理哪些事务？你一旦搞清楚了这些问题，就能成功解决它们。在几个月的时间里，"业绩追踪器"会监测你每周的表现，确定你运用天赋的时机，进而对你的日常工作做出安排，以便更好地利用你固有的优势和技能，这样你就能将整个行为过程和思维方式转变成一种良好的习惯。这种习惯会帮助大脑自然地判断出捷径，让你在工作中毫不费力地取得更大的成功。这就是天赋养成。

通过天赋养成的训练，你会发现通往成功的道路并不像你想象的那么神秘和困难。幸福感和职业满足感与运气或时机无关；当你建立起一种强有力的习惯，一次次地取得梦寐以求的成功时，它们就会出现。

建立新习惯可能令人望而生畏，毕竟，我们大多数人都曾制订过锻炼计划或饮食计划，但都没有坚持下去。了解新习惯的形成过程是获取成功的重要一步。发表在《欧洲社会心理学期刊》（*European Journal of Social Psychology*）上的一项研究报告指出，平均需要六十六天，也就是略多于两个月的时间，一种新的行为习惯才会真正形成。打破或养成一种习惯，都需要改变大脑中的神经元或细胞连接。当你每次重复某个特定的动作时，特定的神经元模式就会受到刺激并变得更加固化。如果你严格按照书中的练习，每周使用"业绩追踪器"，坚持六十六天，你就能成功踏上天赋养成之路，并终身受益。

一旦运用天赋成为你的第二天性，你就具备了足够的认知能力：在任何特定的时刻都能认识到，为什么你的工作是无聊的、是有挑战性的或是让人满足的。这种认知将帮你坚定信心，并让你深深地感受到：自己独特的天赋是实现所有美好愿景的关键。你能够更好地调整你的工作，使之与你的天赋相契合，获得令你满意的结果，轻松地适应职业的变化。最重要的是，你可以更快地取得成功，速度将远超你的预期。总之，天赋养成将让你每天都活在对工作的热爱中。

"业绩追踪器"：天赋养成的工具

"业绩追踪器"能够帮助你更深入地了解自己。它能让你在工作中展现出你最强大的一面，并取得你所憧憬的成功。简而言之，它会跟踪你的天赋养成过程。"业绩追踪器"和书中的课程就像高速公路上的护栏，确保你的事业朝着适合你的方向发展。或许有无数方法让你偏离正轨，但这种方法可以让你保持正轨，建立养成良好习惯的基础，并最终使你在工作中取得成功。

在与客户合作的过程中，我开发了"业绩追踪器"，以帮助他们找出在工作中产生负面情绪的根本原因。我发现他们很难找到问题的根本原因。根据我的经验，每当我对一份工作感到厌倦却不明白为什么时，我会把责任归咎于最明显的外部原因：这是我的经理的错，或者公司制约了我的发展，或者我的同事很差劲。但是，我一旦开始一周又一周地跟踪我的工作细节，就可以更深入地了解自己的表现。我发现问题的根源往往是自己，或者是工作的某些方面与我的能力不匹配。"业绩追踪器"记录的这些信息是我做出调整或集中注意力的关键。现在，每当客户工作不顺利时，我就会帮助他们通过"业绩追踪器"轻松地找出症结所在，改变行为并收到成效。

我喜欢"业绩追踪器"这个工具，因为它用起来简单便捷，且每周只需要花十到十五分钟的时间。使用"业绩追踪器"，你需要回答一系列简单的问题。这些问题都是近年来心理学和绩效管理领域中最具代表性的问题。你的答案会让你看到自己在工作中的真实表现，所以尽可能诚实并具体地回答每一个问题至关重要。回答完问题之后，你会有一个得分。你可以通过比较每周的分数来跟踪你的工作表现。

我的许多客户反馈，这种简单的跟踪让他们看到了一些容易忽略的行为，并提出了指导性的建议，找出了问题的根源。随着"业绩追踪器"被广泛使用，我欣慰地看到，它帮助客户对自己有了更多的了解，对阻碍他们前进的因素有了更深的认识，并明确了他们需要做的事情，以推动他们的职业发展。我自己也在持续使用"业绩追踪器",它能帮助我快速地诊断遇到的问题。必要时,我会根据它纠正自己的行为,以便于我对自己职业方向的把控。

你还会发现,"业绩追踪器"是你为应对公司考核做足准备的最佳方法。大多数企业仍然在已被淘汰的绩效评估模式下运作。在这种模式下,员工的工作表现由他人——上司(或许还有其他同事)——评估。和大多数人一样,你如果得到了积极的评价,就可能不会质疑自己的努力或做出的重大调整。只有出现了问题或者收到了负面的反馈,你才可能开始全面反思或尝试深刻地自我反省:为什么要这么做呢?

你如果正在天赋养成之路上,就不需要通过绩效评估来判断你是否成功。你会一直处于自我评估的状态,因为你明白,运用自己的天赋是完成任务的最好方法。你一旦进入工作状态,就会明白应该往哪儿去,应该探索哪些新的领域。你会明白什么样的工作才是真正令自己满意的,什么样的工作才是富有挑战性的,什么样的工作才会激发前进的动力,这将会帮助你实现事业的飞跃。

"业绩追踪器"的表格附在本书的最后。为了取得更好的效果,你每周都要填写这个表格。你只要坚持几个月,就会清晰地看到自己的变化,从而更有力地掌控自己的工作。

忘掉你的智商吧

如果你是一名火箭科学家,你的工作是收集数据和解决关键问题,这需要你运用出色的数学和物理技能及超凡的智商。即使你不是一名火箭科学家,这也并不意味着你不是一个具有独特天赋的人。虽然智商是衡量智力水平的标准，但在过去的几十年里，我们对它作为成功指标的重要性的理解发生了巨大的变化。过去，智商一直被认为是具备成功潜质的一个固定因素，但现在我们知道，智商是一个可以通过努力来提高的变量。很多行为都可以提高你的智商，包括走出你的舒适区、培养你的交际能力、丰富你的语言、食用健康的食物及积极地锻炼。这意味着智商本身并不是你获得专业成就的某种保证。事实上，坚持这些提高智商的行为练习更能提高你成功的可能性。

更重要的是，智商是衡量未来成就的唯一标准的观点已被彻底颠覆。马丁·塞利格曼（Martin Seligman）在积极心理学方面的研究表明，积极思维与成功之间存在着明显的联系，而卡罗尔·德韦克（Carol Dweck）对成长型思维模式的研究表明，智力和技能会随着时间的推移而增长。卡罗尔的观点已被有见地的人和公司奉为"圣经"。正是这些观点改变了我们对绩效、动机和成功的一些固有观念。

不是做你喜欢做的事，而是做你应该做的事

我的方法论已经成功地帮助到我的很多重要客户和我自己，让我们每天都享受着令人兴奋和有意义的工作。我们对自己的职业技能有了信心，对未来的恐惧减少了。虽然许多变数是我们无法控制的，比如技术环境的复杂多变、行业发展的不确定性和整个经济形势的不稳定性，但是我们坚定地看到了我们的天赋，并确定了我们的最终目标。

基于这样的出发点，确定目标就变得尤为重要。如何确定目标任重而道远，毕竟"目标"一词承载了太多的含义，而且对于不同的人

来说意味着不同的事情。要去做慈善或社会公益方面的工作吗？要找一份有趣的工作吗？有目的的工作就是有意义的工作吗？

好在我们不必大海捞针，目标已然在我们心中，你只需要真正地感受到它的存在即可。简而言之，有目的的工作就是可以带来满足感的工作。这样的工作与后文所说的核心情感挑战有着千丝万缕的联系。这种挑战无时无刻不在，是一场克服困难并与之搏斗的战役。你如果可以准确地把握核心情感挑战，就一定可以帮助他人迎接这种挑战，并从中获得满足感。

我的客户经常发现，他们的核心情感挑战不只体现在某一时刻，还会贯穿他们的一生。例如，我的核心情感挑战是不被人关注。从小到大，我总觉得自己和家里的其他人不一样，好像没有人真正了解我，也没有人关注我。这种核心情感挑战一直伴随着我。当我觉得自己不被人关注或者说的话不被人认真对待时，我就会很难过，而最让我满意的工作是帮别人解决同样的核心情感挑战问题，让他们看清自己，也让他们周围的人看清他们。

你或许已经在利用你内在的动力，但可能还没有觉察到。接下来，我将分享一些问题、方法和故事，以帮助你清楚地确定你的目标，认清你的核心情感挑战。你可以利用这些信息制订一个行动计划，以便最大限度地使自己的工作变得有意义、富有乐趣，能产生满足感。将这个行动计划和你的天赋结合起来，你将在一个全新的层次上了解自己，辨别出真正让自己兴奋的工作。这样的工作会实现双赢——运用天赋与达成目标，我把这样的工作称为"处于你天赋地带的工作"。

发现自己的天赋并致力于天赋养成

当我注意到天赋地带的时候，我才发现它在我人生的转变过程中曾经发挥了非常重要的作用，它使我从工作的挣扎状态中解脱出来，获得了令人难以置信的成就感。发现自己的天赋，确立自己的目标，并把它们作为放大镜来审视自己的职业，是我的一个重大突破，并且也让我的很多客户实现了突破。在本书中，你将学习让你在天赋地带工作的五个核心要素——挑战性、影响力、愉悦感、正念和毅力，以及伴随它们而来的行为。天赋养成，就是让你在天赋地带工作时自动将这些要素和行为运用到你的工作中，卓有成效地工作并获取成功。

挑战性：我在寻求工作满足感的初期，阅读了米哈里·契克森米哈赖（Mihaly Csikszentmihalyi）的著作《心流》（Flow）。这本书激发了我对职业的思考。在这本书中，作者认为使工作呈现出心流状态的一个关键因素就是找到具有适度挑战的工作。从那以后，我观察到，大多数对工作不满意的客户都会把责任归于工作、经理或公司，从而误判了他们的处境。事实上，他们的痛苦往往可归结为工作缺乏挑战性。

影响力：许多公司认为，如果他们提供免费午餐、按摩和游戏室，员工就会变得更有动力。但是，正如社会学家艾尔菲·科恩（Alfie Kohn）观察到的那样，这样的福利对于改变人们的工作态度其实没有多大帮助。激发工作动力的根本方法是更好地理解工作。宾夕法尼亚大学沃顿商学院教授亚当·格兰特（Adam Grant）发现，在有着丰富的急救知识，可以从死神手里夺回生命的救生员当中，那些能够理解自己的工作有着重大影响力的人，实施救援的时长可以增加40%以上，而那些仅仅知道自己享受着不菲收入的人，实施救援的时长不会有任何变化。

对你而言，了解你对他人的影响力，会对你产生积极的作用。我发现，看到有意义的影响并与你的核心情感挑战联系在一起时，就是你实现目标之时。简是我的一位同事，她在办公室里以慷慨大方而出名，但直到我与她一起工作时，她才意识到慷慨的意义。当我们深入挖掘她慷慨行为的根源时，简意识到她这种行为源于她的核心情感挑战，这是她以前没有意识到的。一旦找出原因，并理解了为什么这种行为让她如此满足，我们就可以制定策略，帮她创造更多的机会，从而让她在工作中表现得更加从容洒脱，获得更多满足感。

愉悦感：我不止一次发现，大多数自认为喜欢自己的工作的人，都是像我一样的"成就瘾君子"。他们沉迷于达成目标或被外界认可时大脑产生的多巴胺。他们没有意识到，当他们在工作中所得到的满足感大部分来源于可实现的目标——高薪、令人垂涎的福利和显赫的头衔时，他们就错过了从一份既能运用天赋又能达成目标的工作中获得无时不在的成就感的机会。对成就感上瘾，往往会令人遭受倦怠和焦虑的困扰，并且在接连不断的挑战中承受无以加的压力。

在工作中找到真正的愉悦感有许多好处。2015年，华威大学（The University of Warwick）的一项研究表明，在工作中具有愉悦感的员工会使工作效率飙升12%，而缺乏愉悦感的员工会使工作效率猛降10%。正如研究小组所说："我们发现人们的愉悦感与生产力有着巨大而积极的因果关系。积极的情绪似乎鼓舞了人们。"换句话说，真正的愉悦感在工作中起到了防弹衣的作用，它能减轻压力，帮助你突破舒适区的界限，轻松地应对挫折，并享受团队合作的乐趣。

正念：墨尔本大学（The University of Melbourne）进行了一项试点研究，对一百多个面试结果进行了分析，结果表明，高度自信与职业成功之间存在着绝对的相关性。众所周知，自信的人往往会更成功，那么一个人到底是如何建立自信的呢？当我开始寻找热爱的职业时，我试图在现有机制中寻求一种日常的习惯机制来管理自己的事业和业绩，但我发现自己竟劳而无获。所以，我决定重新构建自己的机制，并因此增强自信，消除我以前的消极想法。此外，我把卡罗尔·德韦克关于建立成长型思维模式的研究纳入我的天赋养成系统中，作为建立自信的一个重要基石。

很少有人意识到正念对我们的思维、行为乃至整个职业生涯所产生的影响。我发现，采用正念技术可以让你立即找出你在工作中产生焦虑、压力的原因，这是天赋养成的重要方法之一。在这本书中，我们将以多种方式通过正念来识别和定义你的天赋，并发现和纠正你消磨自我的行为。

毅力：我们从小接受的教育就是对于沮丧和失败应该感到羞耻。我们认为这样的经历会阻碍自身能力的发展，但事实恰恰相反，失败往往是我们最伟大的老师，可以使我们变得更加强大。克服挫折需要持之以恒，当你致力于天赋养成时，你就会知道是什么让你更强大，让你把挑战视为机遇。

关于心理弹性、毅力与好奇心的力量的研究表明，毅力所带来的红利远超智商。我们都有机会培养毅力，尤其是在逆境中，但这需要自律和主观意识。天赋养成就是跟踪你在成长过程中的行为，让你变得更有弹性，这样当你面对工作中的挑战时，你就可以将这些观念转化为具体的思维方式和行为方式。

如果你正致力于通过天赋养成来改变你的职业生涯，那么你很快就会彻底改变你的工作和生活，成为最有效率、最自信、最快乐的自己。一旦你进入你的天赋地带，确定了自己的工作目标，所有的能量就都会集中在你的工作和使命上。通过发现、表现和运用你的天赋，你将被大家真正地了解和记住——你到底是谁，你能给这个世界带来什么。

我希望你读完这本书之后，能准备好去从事那些让你更有激情的工作，也能帮助更多的人进入自己的天赋地带。当我和那些热爱自己工作的人在一起时，我就会受到鼓舞。世界需要更多充满灵感和激情的、愿意从事富有挑战性且回报颇丰的工作的人。让我们开始吧！

第二章　如果你在工作中失败了，那你就找错工作了

问题：你的工作是富有挑战性的还是无聊透顶的？

天赋养成计划：确定你的工作是否适合你。

一位毕业于常春藤院校的高管打算从年薪六位数的工作岗位上辞职，转而去开办一家狗狗救援中心；一位很有前途的年轻的电影制片人，不明白为什么自己连最基本的管理工作都做不好；一位即将上任的首席执行官，在丝毫没有焦虑情绪困扰的情况下，竟无法顺利地主持一次会议。这些人身上有什么共同点呢？

和其他大多数客户一样，他们都来向我寻求帮助，并列出了自己工作失败的原因。每个人都深信，他们要么需要提升自己的工作能力，学习新技能，更加努力地工作，不断激励自己；要么就干脆逃离所在的行业。每个人都在努力解决个体价值、职业规划以及在快乐工作的同时获取成功等重要问题。

根据我的经验，大多数绩效问题都与不合适的工作有关。如果你曾被解雇或绩效考核不达标，人力资源部的同事通常会传达给你这

样的信息：你不适合这个职位。然而，他们以一种误导的方式来表述："为了做得更好，你还需要做到以下几点……"意思是，你需要改变，要变得与众不同，出类拔萃。大多数人听到这样的话都会认为"我不够出色""我需要提升自己的工作能力"……

当我们在工作中感到不安时，默认的解决方案往往是努力成为别人希望我们成为的样子。这种策略看起来似乎是合理的，但我不断发现，它只能令我们更加不满和痛苦。

如果你觉得你的工作无聊、令你焦虑或不堪重负，那么我有个好消息要告诉你：产生这些感觉的原因不在于你，而在于你的工作。无聊表明你没有完全投入，或没有受到适当的挑战，而焦虑和不堪重负则表明你被不合适的岗位束缚了很长时间。不快乐、缺乏挑战性或成就感，这些都是当下环境不允许你运用你的天赋的提示。它们阻碍了你运用自己独一无二的天赋。

下次当你听到人力资源部同事的那些令人失望的评价时，你不要再去想自己做错了什么，而要想想如何才能找到更适合自己的工作。你可能会想：我缺乏的技能可能不是我能掌握的，它并不能说明我的潜力，谢谢你让我了解了我职业生涯的这一部分潜力。

找到一份符合你的价值观并可以使你发挥能力的工作是可能的，但这不是凭运气的事情，也不是你的导师、经理、朋友或家人能为你解决的问题。它要求你积极主动地学习一门你可能从未学过的学科，那就是"你自己"。事实上，你如果对自己的独特能力有清晰的认知，愿意养成出色表现所必需的习惯，就可能取得成功，成为更好的自己。

虽然美国法律规定孩子们至少要接受十二年的基础教育，但除非你有幸参加了一个极其重要的教育项目，否则不会有人鼓励你去充分了解自己。虽然心理咨询与辅导越来越受欢迎，但遗憾的是，人们仍然认为这是昂贵的资源，只有当你的生活中出现问题，你才会求助它，而不是使其成为最大限度地发挥你的潜力的工具。更重要的是，大多数人对工作持有陈旧的看法——如果你不能集中精力工作，那就是你自身的问题；如果你觉得某项任务非常难，那是因为你不称职或懒惰。有些人会变得情绪低落，在无法找到问题的真正原因之前，他们会放弃一家公司或一个行业，几年之后，他们很可能会重新陷入同样的境地。有些人则开始长时间地工作，以弥补他们所认为的技能缺乏或能力不足，这显然会引发更多焦虑。

本书可以帮助你了解自己，包括你独特的技能和潜在的动机，并帮助你找到可运用天赋的工作。当你能将自己的天赋很好地运用于工作中，同时形成对你而言极有意义的影响力时，你就处于天赋地带。通过确认你的天赋，调整你的工作，使其围绕你的天赋和目标，你就可以避免许多人无法逃脱的职场困惑和焦虑。

在进一步探索天赋的概念之前，让我们先了解一下你的工作现状。如果不出意外，我敢说你对下一次绩效考核有或多或少的焦虑，你会担心经理对你的工作情况不满。现在，让我们先把经理的看法放在一边，更多地关注你自己的想法。

花了很长时间，我才发现这个关键问题：这份工作究竟是否适合我？或者更确切地说，我的工作是否为我提供了适度的挑战？

运用你的天赋，让艰辛的工作充满活力

具有适度挑战性的工作尽管有一定的难度，却有章可循。挑战通常出现在你思考和处理某一特定任务的时候。你知道自己有能力想出正确的答案，只是还没有弄清楚所有的问题。这种挑战有积极的一面：你期待着解决问题并得到想要的结果。让你感到兴奋和充满活力的是，你想要弄清楚自己能做什么及自己最终做了什么。

《心流》一书的作者、心理学先驱米哈里·契克森米哈赖对这种挑战下了一个定义："一个人在完成有难度却有价值的事情，体能或智力发挥到极致时，通常就是感觉最好的时候。"换句话说，当我们做的工作将我们推到了舒适区之外，并使我们保持适度压力的时候，我们是最投入的，也是最快乐的。

契克森米哈赖用这个定义来描述心流：当你处于心流中时，你就会沉浸在所做的事情中，以至于忘记了时间。你会感到自信，工作时充满活力。契克森米哈赖的研究表明，只要工作是人们所喜欢的，并且有适度的挑战性，他们在工作时就是最快乐的。契克森米哈赖为具有挑战性或心流的工作设定了以下三个标准：

1. 这项工作必须包含一个可以用来衡量自我的目标。对你来说，目标就是推动工作进展并取得特定的结果。

2. 你需要得到关于这个目标的反馈。你应该寻求有效的反馈，以确认你的目标已经实现。

3. 一个人必须平衡好工作的挑战性和自身的能力水平，即找到两

者之间完美的契合点。

第一次看到契克森米哈赖关于心流的定义时，我印象最深的是，大多数人都满足了前两个标准——设定目标和获得反馈，却不知道如何掌握第三个标准中提到的契合点。如果不能将你的能力与工作的挑战性相匹配，你可能会困惑于如何表现及如何表现得更好。

功成身退的神话

我们不能因为人们接受了他们并不真正喜欢的工作而责怪他们，毕竟人们普遍认为：工作嘛，就是要在退休之前削足适履几十年。事实上，很多人都认为躺在沙滩上，喝着可乐，不工作那样悠闲懒散的日子才是人生最大的乐趣。一旦被彩票大奖幸运砸中，你认为自己还会回去工作吗？毕竟，很多人认为不需要工作的人才是最幸运的。

但研究表明，情况并非如此。正如契克森米哈赖所说的，我们工作的时候其实是最快乐的，只是享受到其中的快乐需要费一番功夫，只有这样，你才能处于最佳状态。同时，只有工作时更快乐，我们才会更健康。俄勒冈州立大学（Oregon State University）在2016年的一项研究中发现，六十五岁以上退休的人与六十五岁退休的人相比，死亡的概率降低了11%。（这项研究将人口学、生活方式和健康问题都考虑在内了。）这说明，如果你喜欢你的工作，并能坚持下去，那么工作带给你的快乐很可能会延长你的寿命。

与我们不停地接收关于如何努力工作才能享受退休生活的信息一

样，我们也被关于成功的信息淹没：你必须努力工作才能取得成功；高薪和好福利比快乐更重要；在你被认为是专家之前，需要考取一个又一个证书。

我们之所以将这些信息视为真理，是因为人类的大脑会自动选择适应大多数人的思维。心理学家所罗门·阿希（Solomon Asch）在20世纪50年代进行了一项实验，该实验针对群体思维进行了研究，用来检验群体对同一事物所做出的基本决定是否一致。阿希将实验对象隔离开，故意抛出错误答案。实验结果表明，当大多数人都选择错误答案时，人们会在不清楚状况的前提下人云亦云，跟随大多数人的意见。这种跟随他人、避免冲突的想法深深扎根于每一个人的大脑中，大脑会将不同意见者自动视为异类。这就可以解释为什么对抗群体思维会特别困难，你对工作的看法会受到大多数人的影响。跟上群体中带头人的步伐会让自己轻松不少，即便要继续从事自己不喜欢的工作。这就是为什么开放性思维被认为是一种走出舒适区的叛逆行为，也是为什么创造一番自己真正热爱的事业需要特立独行。从我个人的经历来看，当我开始创造自己的理想事业时，我没有得到社会的认可，家人也不理解我在做什么，而稳定地从事一份对我来说并不理想的工作，家人更容易理解和接受。这与思考自己的退休生活密切相关。就我个人而言，我不会在规划退休生活上浪费精力；我想从事我热爱的工作，只要我有足够的精力，即使减少假期也在所不惜。可能关于退休生活的规划，你与我的想法不同，但我会鼓励你不要沉溺于功成身退的神话，你应该从现在的工作中寻求实现自我价值的途径，而不是去消磨时光。

数百名不同职业、不同级别的客户验证了这一理论：在工作中接受挑战最少的人往往最容易沮丧和抑郁。有时我也会感到失落，尤其是当我在工作中不开心时，或与父母同住，赋闲在家时。现在我明白了，我的失落很大程度上源于我的雄心壮志与没有晋升前景且挑战性不高的工作相背离，处于一种完全困惑的状态：赋闲在家不是我想要的；工作也的确无法给予我足够的挑战，无法让我的能力得到充分发挥，但我不知道该怎么办。实际上，我的挫败感与我没有认清自我有关，也与我没有找到适合自己的机会有关。

如果你想停下脚步、放弃一切，搬到一个荒岛上，接下来的测试会帮助你弄清楚，这种想法是否基于你对生活方式转变的真正渴望。可能真的是这样，也可能是工作不适合导致了疲劳，因而才产生这种想法。如果你还没有完全准备好交出你的工作证，觉得自己的工作会有更多的回报，那么请放心，更有成就感的工作就在你的掌控之中。

确定你的工作是否适合你

你的工作应该适合你，并有适度的挑战性。接下来的两个测试可以帮助你搞清楚这两个问题。

你的工作适合你吗

要确定你的工作是否适合你，请回答以下问题，用"是"或"否"作答。

1. 当你收到反馈意见时，你是否被建议学习一种没有明确要求的技能？　　　　　　　　　　　　　　是○　否○

2. 那些受到提拔重用的同事是否具有与你截然不同的技能呢？
　　　　　　　　　　　　　　　　　是○　否○

3. 你是否经常感到不安，因为无论你多么努力工作，你似乎都不能达到预期？　　　　　　　　　是○　否○

4. 在你所在的公司，成为超级明星员工是不可能的吗？
　　　　　　　　　　　　　　　　　是○　否○

5. 你的工作任务是否大多是苦差事，你是否感觉时间过得太慢，而不是一天飞驰而过？　　　　　是○　否○

6. 你的上司是否总是注意不到你？　　是○　否○

7. 你在工作中是否总有力不从心的感觉，却找不到原因？
　　　　　　　　　　　　　　　　　是○　否○

8. 工作带来的安全感或福利待遇是你留在公司的主要原因之一吗？　　　　　　　　　　　　　　是○　否○

9. 你是否觉得寻找一份新工作比处理日常繁杂的工作更可怕？
　　　　　　　　　　　　　　　　　是○　否○

10. 你是否觉得在工作中碌碌无为、平庸无奇就挺好的？
　　　　　　　　　　　　　　　　　是○　否○

如果你对以上六个或更多的问题的回答是"是"，那么你肯定找错工作了。不过你应该庆祝一下，虽然你可能觉得自己做得不够好，但事实并非如此。从事一份不适合你的工作就像穿着尺寸不合适的衣服，你永远不会觉得舒服。

在错误的岗位上工作的情况是可以改变的。既然你知道你的工作不适合你，接下来的选择就比一个小时前你未读这本书时清晰多了。你不要立刻递交辞职信，而要先弄清楚你认为的适度挑战是什么样的。读到这本书的结尾处，你会更加清楚自己该怎么办。

如果你对以上三到五个问题的回答是"是"，那么你可能正在从事一份不太理想的工作。也许你已经在你喜欢的任务和无法忍受的任务之间找到了平衡。但是，在接下来的三个月里，你如果对同样的问题的回答仍然是"是"的话，就应该明白，是时候做出改变了。

即使发生这种事情，你也要振作起来。你要留意自己对工作的判断哪些是正确的，哪些是错误的，这就朝着找到你心仪的职场方向迈出了一大步。"业绩追踪器"对你来说是一个非常有用的工具，它能够让你更深入地了解你最喜欢的工作。

如果你对以上两个或更少的问题的回答是"是"，那么这是好消息。你的工作看起来很适合你！但这并不意味着你不能从这本书中受益。读完本书，你将带着"业绩追踪器"这个工具离开，它能帮你更好地掌控你的事业。如果你已经有了安排工作任务的空间和自由，你就可以更长久地处于你的天赋地带。

你的工作具有适度的挑战性吗

A. 适度挑战

1. 你喜欢工作时的思考过程吗？

是○　否○

2. 即使工作量超出了你的承受能力，你也喜欢做这项工作吗？

是○ 否○

B. 过度挑战

1. 你是否被大量工作和为之付出的努力所淹没？

是○ 否○

2. 你是否感到无聊和缺乏动力，工作堆积如山，压力极大？

是○ 否○

如果你在"适度挑战"部分对其中一个或两个问题的回答是"是"，那么你所从事的工作就具有适度的挑战性。如果你在"过度挑战"部分对其中一个或两个问题的回答是"是"，那么你所从事的工作很可能已经超出了你的能力范围。

通过回顾以上问题的答案，你现在应该知道目前的工作与你的契合度以及它是否为你提供了适度的挑战了。如果你和我的许多客户一样，你可能会感到宽慰，因为你的不满不是无能的表现，而是你需要做出改变的信号。

换工作并不意味着失败

对做出改变心存恐惧会让我的许多客户选择继续从事不合适的工作。事实上，我经常遇到取得一定成就的企业高管，他们承认自己的工作是不合适的，却不会去主动改变现状。

吉姆是一家拥有35000名员工的公司的高级管理人员，他管理着一个拥有350人的部门。一方面，他认可自己的工作，包括企业文化和他的同事；另一方面，他不得不在焦虑不安和远离家人的漫长时光里度日如年。更重要的是，一天中大部分的时间，他都在做着不喜欢的事情。他被请来时，看起来很适合这份工作，但没过几个月，他就发现这份工作需要极强的操作技能，而不需要太多远见卓识。事实上，他并不具备工作所要求的技能。他试图证明自己能够胜任这样的工作，却遇到了一个又一个障碍，这让他觉得自己的工作更像是一种负担，丝毫感受不到快乐。

尽管意识到自己在被迫以不太喜欢的方式工作，吉姆还是无法接受改变现状或离开公司的想法。这个行业的每个人都很尊敬他，同时，他也很钦佩自己的上司。在他看来，改变就意味着失败。他向我求助，希望我能告诉他如何在目前的职位上做出成绩。

我告诉他，第一步就是确定这份工作是否适合他。我们很快意识到这份工作并不适合他。我向吉姆解释："当一份工作带来的挑战与你的天赋和目标不相符时，你就要花两倍的时间来完成你的任务。最终你可能会把它做好，但这样的努力会让你效率低下，同时精疲力竭。"这份工作所需的技能和吉姆所擅长的技能之间的差距，可能就是导致他工作到很晚才可以完成任务的原因之一。如果吉姆应对的是那些适合他的技能的挑战，他就会发现这些挑战是鼓舞人心的。他可能会更快地克服这些挑战所带来的困难，感觉良好并收获更好的成果。

吉姆明白，他所面临的挑战于他而言是困难的。这样的挑战与他的长处无法契合，它们看起来复杂得令他沮丧与厌烦。我建议，他如果还想留在这家公司，就需要聘请一个人来负责运营部分，这样他就能坚持自己擅长的部分——有远见的工作任务。吉姆赞成这一策略。他一旦打造出合适的团队来支持他，就能回到他真正喜欢的全局性工作中。

实际上，我仍然认为吉姆所从事的工作并不适合他。作为一个有远见的人，他的天赋更多地与咨询有关，而不是长期为一家公司工作。后来他接受了我的建议，并开始寻找一份新工作。如果新工作可以给他适度的挑战，自然会令他兴奋。不幸的是，他的下一份工作与他上一份工作非常相似。

现在的吉姆仍然不开心，因为新公司的文化理念更加注重运营，他所面临的挑战仍然无法激励他。他之所以被这些工作吸引，是因为其社会认可度高，并且他没有意识到这些工作需要的正是他不擅长的部分。他无法摆脱这样一种感觉：为了做出成绩，他需要在自己不擅长的方面提高自己的能力。

我之所以分享这个故事，是因为吉姆和我见过的很多人都类似。他的工作对他来说是过度的挑战，令他压力倍增、不堪重负，这并不是什么新鲜事。所有人都在告诉他，这就是工作。即使在今天，吉姆也很难胜任这样的工作，其实他原本能取得成功，而不必强迫自己掌握不擅长的东西。

你准备好要做什么工作了吗

这里还有三个问题要考虑，但答案不是可以被量化的。这些问题可能会揭示你对工作隐藏的偏见、憧憬和恐惧。你若想真正地认知自己，就要摒弃他人所定义的成功，并学会接受你心底的答案。

你对工作的定义是什么？
_____
_____
_____

你对成功的定义是什么？
_____
_____
_____

你目前对事业有什么看法？
_____
_____
_____

当我问自己这些问题的时候，我把工作定义为我生活中的一部分。我喜欢工作，它一直是我满足感的源泉。对我来说，成功就是我可以将大部分时间都花在有成就感的工作或任务上，在此期间我可以充分运用自己的天赋，最大限度地发挥自己的潜力，以有意义的方式帮助他人，同时以拥有我想要的自由、生活方式和体验。我的职业愿景一直在扩大。目前，我的愿景是去帮助成千上万的人了解自己，帮助他们踏上天赋养成之路，让他们在工作中最大限度地获得愉悦感和满足感。

你是否也尝试过定义成功？以下是我采访过的一些人的说法。看看他们所说的能否让你产生共鸣，并帮助你找到成功的定义。

成功就是找到并奋力实现目标，留下一份可以改变世界的不朽的遗产。

——科德斯基金会联合创始人之一　罗恩·科德斯

我把成功定义为实现我的终极目标，并通过激励人们以之前从未考虑过的方式来思考和行动，对人们的生活产生积极的影响。

——"自觉的资本主义"公司联合创始人、巴布森学院教授
拉杰·西索迪亚

人生的意义就是要将独一无二的天赋贡献给社会，从而对他人的生活和世界都产生非凡的积极影响。

——仿生公司联合创始人兼首席执行官　大卫·基德

对我来说，成功就是可以持续为我的家庭、我的员工及我的团队提供高质量的生活。

——Tanga公司首席执行官　杰里米·扬

我对成功的定义是我正在做的事情可以帮助自己和其他人过上更

好、更快乐、更健康的生活。

——Hint饮品公司创始人兼首席执行官 卡拉·戈丁

对我来说,成功意味着创建一家能够与客户、员工和团队共同成长的企业。我们希望从个人和职业的角度为人们的生活增添积极的价值。

——MailChimp联合创始人兼首席运营官 丹·库尔齐乌斯

成功就是你在生命的最后时刻回顾自己的一生时,对你的创造力、成就和遗产感到自豪,同时对自己没有做的事情和错过的机会几乎不后悔,你的家人仍然爱着你。如果我能以这种方式死去,我相信这就是成功。

——Conductor首席执行官 塞斯·贝斯梅特尼克

如果我能以积极的态度度过每一天,对自己的处境感到满意,在生活的所有重要方面保持平衡,有时间和财力去追求我热爱的东西,我觉得我的生活就是成功的。

——成人康复和农村服务高级主任(我的母亲) 马西娅·贝克尔博士

我把成功定义为拥有一份喜欢的工作,有一定的经济能力,有一个爱你和关心你的配偶和家庭,有几个让你为他们和他们所做的事感到骄傲的孩子,有崇拜慈爱的上帝的自由,并且能够为你的同胞做出贡献。

——南方农作物认证顾问(我的父亲) E.N.加尼特

你可以掌控适度的挑战

知道什么时候应对的是适度的挑战,这并不困难,但也不太容易。你要学会控制自己紧绷的神经,这样才能促使你前进。

· 你如果害怕当众发言,就要聆听自己内心的想法,告诉自己可以通过练习来克服恐惧。你可以从小范围的发言开始,找几个值得信赖的朋友作为听众,或在地方小剧院,或在学校,或在语言表演训练班,这样的练习会一步一步帮你走出舒适区。

· 如果你特别渴望做一个项目,但一想到它就紧张,那么不管怎样,你都要去做。你可以把精力用在学习上,这样可以帮助你迎接新的挑战。当你接近未知的领域时,你要向你的同事或经理寻求反馈。他们的反馈可以帮助你了解情况,并产生积极的作用。

· 如果你想写一本书,但还没确定主题,那么你可以从细微处着眼,然后逐渐扩充内容。你可以先撰写博客、文章或帖子,在社交媒体上发布你的想法。你的天赋会引导你确定最终的主题。

下一步,让我们开始识别你的天赋。如果你曾想知道是什么让你的经验和专业技能变得特别,为什么你是这份工作的合适人选,如何从工作中获得更多的乐趣,那么现在是时候抛出下一个问题了——搞清楚你喜欢的工作方式。

第三章　识别你的天赋

> 问题：你在工作中何时处于最佳状态？
>
> 天赋养成计划：不要再去想下次想找什么样的工作，要搞清楚你对当下工作的想法。

每当我签下一个新客户时，他问我的第一个问题都是："我的资历很深，我为最好的公司工作过，并且我现在有一份很好的工作……为什么我会痛苦呢？"每一次我都会告诉他们，幸福感并不依附于某一份工作，并且有幸福感的工作通常并不是高薪的。我希望告诉大家的是，虽然幸福感看似依赖于外部因素，但实际上它来自内在。当你喜欢真正的自己时，无论是在工作中，还是在生活中，你都会很快乐。

人类有一种与生俱来的倾向，即憧憬未来的可能性，而不是享受现在。畅销书《哈佛幸福课》（*Stumbling on Happiness*）的作者丹尼尔·吉尔伯特（Daniel Gilbert）认为，我们的大脑通过逻辑思维来预测未来，并为未来做准备。这样做的好处是，我们可以想象什么会让我们快乐；缺点是，这些想象可能会演变成一种求而不得的愿望。我们会对自己说：我如果更富有、更苗条，或者换一份工作，就会更快乐。我们有强大的前额叶皮质，也就是大脑的控制中心，它会从我们的记忆中提取信息，让我们创造一个梦想。如果梦想得以实现，生活就会变成我们想要的样子，但当我们将憧憬的完美情景与当下所处的环境或正在做的事情进行比较时，现实与梦想之间的差距就会使我们变得沮丧。

事实上，我们对未来的看法是无效的。我们只能想象未来的自己，但这并不意味着结果会与我们期望的一致。即使我们得到了想要的东西，比如一份新的工作、更高的薪水或更重要的客户，也不能保证我们就会因此感到快乐。它顶多在我们回到常态之前，产生一种短暂的正面推动作用。

真正的问题不在于你能否从工作中获得快乐，而在于你能否获得足以激发天赋的积极挑战。让我们共同努力，找到这种挑战。在这之前，我先提几个问题：你正在发挥自身最大的潜力吗？你是否承担着合适的工作任务呢？最重要的是，你是否有机会展示自我，并且展示的是真实的自我呢？

确定自己何时处于天赋地带

天赋就是用自己感觉最愉快和最有效的方式处理事务的能力。当你在工作中运用自己的天赋时，时间会过得很快。这是一种发自内心的感觉，许多人将其描述为沉浸式工作。这个时候你可以以一种适度的方式充分融入工作，接受挑战。你全神贯注于工作，不会被外界所干扰，在接受挑战时不会被压垮。你很兴奋，自信满满，心怀成就感,觉得自己好像要"着火"了。

我的客户史蒂夫发现,当他与不同的人交流、了解他们的观点和想法并据此制定一个能够满足他们所有需求的整体策略时,他就会面临很大的挑战。他最喜欢且最有成效的工作方式是与不同的人协作并把所有的想法整合成一个概念,因此我们把他称为"协作战略家"。

另一位客户萨拉认为自己最适合从事那些需要跳出框架思考、超越常规思维的工作。当她有了创新的想法并带领团队将这个想法付诸实践时,她就处于最佳状态。在工作中,她喜欢重新界定某一部门的运作方式,并重新设计产品的开发方式和投放市场的方式。她现在把自己戏称为"破壁者"。

我花了很多时间和我的客户讨论他们什么时候处于最佳状态。我帮助他们找出这个独特的做事方法,并给它命名,帮助他们注意到什么时候运用了这种做事方法,什么时候没有。我还发现,一旦有了最让你兴奋的思维方式,你就可以不断磨炼自己,弄清楚如何频繁运用这种思维方式。

虽然回到传统意义上去看待天赋很吸引人,但我的理念与你在学校的成绩无关。你的天赋的确决定了你处理事务的方式。有些人的天赋可能有助于他们在学业上取得好成绩,然而,对另一些人来说,他们的思维方式对完成学业没有任何帮助,而且在学校系统地学习还有可能影响其天赋的运用。我的一些极富创意和事业有成的客户,确实不是学习成绩拔尖的人。他们一到教室就会觉得很无聊,因此很难在学业上下功夫并取得优异的成绩。

能够帮助你在学业上取得优异成绩的天赋并不意味着会帮助你在

工作中如鱼得水。学习往往需要的是记忆力，如果你恰巧具有很强的记忆力，学习这件事就会变得游刃有余。当你踏入职场，发现你的工作与记忆力无关时，你可能会感到震惊，甚至会有挫败感。因为一直以来，你习惯于依赖记忆力，以至于在一个需要解决问题和付诸实践的新环境里，你会感到不堪重负。

关于职业成就，这种运用独特的天赋来达到卓越的观点很少出现，无论是文学作品还是传统观念，都更倾向于关注那些被普遍认为积极有效的基本特征。在标准化考试中表现出色、取得好成绩，人格类型是外倾型，通常被认为是成功的固有特征。可是，在事业上有所建树所需的技能远远超出了学校教授的或社会重视的技能范围。

在商业世界中，成功的关键之一是创新，创新需要具备创造能力、解决问题的能力和跳出框架的思维能力。然而，在现在的教育环境中，这些能力的培养都没有得到足够的重视。创造性地解决那些让人束手无策的问题，需要以一种有远见的方式去思考，需要对自己有深刻的认识和对自我价值的认可。培养这种能力的唯一方法是了解自己，了解自己的天赋，并将其运用于职业生涯。当你试图发掘自己的天赋时，你必须重新审视过去在学业或工作中的成功和失败，历数生活的点点滴滴。

想要确定你的天赋，你就要先找到在工作中显露天赋的地方。让我们来找出你处于最佳状态的时刻。请看下面的问题，你不需要按照自己认为"正确的"或"明智的"方式来回答，也不要按照上司想要的答案来回答，更不要考虑怎么回答才可以被大家认可，只要给出你内心真实的答案就好。

1. 你在什么时候、做什么工作，处于最佳状态？在这段时间里，你会感觉自己激情澎湃，异常兴奋，一切都变得有意义。
2. 带来这种感觉的思维方式或解决问题的方法是什么？
3. 什么时候你会感到无聊、注意力不集中和沮丧？

接下来，想一想你完成的三个工作项目。在完成这些项目的过程中，你感觉自己处于最佳状态。写下你完成每个项目所采取的步骤。想一想你在完成每个步骤时的快乐程度，并对其进行打分，从1分到10分，其中10分表示最令人感到快乐的程度。注意那些得分为8分及以上的步骤，你会发现其中有某种共同之处，它与处于最佳状态时的思维方式有关。你可以独立工作，也可以融入团队，或者两者兼而有之。你在完成这些步骤时采用何种思维方式，取决于你的天赋。

如果你想不出什么时候处于最佳状态，那么你可能无法在目前的工作中运用自己的天赋。这种情况并不少见。这意味着你可能一直在试图改变自己，以适应目前的这份工作，而不是面对你自己。如果是这样的话，你不必担心，你还有机会改变目前的工作体验。你需要留意：在家庭里或个人生活中，你什么时候投入的精力最多？你最喜欢哪些任务？在工作中，哪些部分最吸引你？你是如何思考的？

如果你很难确定自己何时处于最佳状态，那么下面这些提示可以帮到你：

· 放慢脚步，慢慢来。我们的日子过得太紧绷了，以至于我们没有注意到那些让我们兴奋和专注的时刻。

・试着描述你在工作中感到无聊甚至沮丧的时刻。是什么让你有这种感觉？注意你真正讨厌的思维方式或工作任务，并看看能否扭转现状。看看以往失败的经历能否帮助你找到真正喜欢的解决问题的方法。例如，很多创新性人才都会对日常业务运营感到厌烦或挫败。

・创造挑战自我的机会，有意识地把自己置于一些看起来有点儿可怕却令人兴奋的环境中——这些都是导引线，会帮你找到自己的天赋。在你还没有更好的办法确定天赋时，你不妨跟着感觉走，有时天赋可能就在眼前，只是你没有留意到。在你找到天赋的那一刻，你要注意：当时你处于什么状态？当时你在干什么？你和谁一起共事？

追踪到自己处于最佳状态的时刻后，你再根据收集的数据问自己以下问题：

・你发现了什么模式？
・在这项让你兴奋的工作任务中，你的思维方式是怎样的？
・你正在处理的问题是单一性问题吗？
・你解决问题的方式与其他人有什么不同？

你还可以问问身边的朋友："我的天赋是什么？"

通常，别人能比你自己更清楚地看到你的天赋。你如果不能明确地指出自己的天赋是什么，就从身边最了解你的五到十个同事着手进行调研，向他们提出以下问题：

1. 和我一起工作，你最喜欢哪一点？

2. 你如何描述我在工作中所发挥的作用？

3. 与我共事对你的工作体验和业绩产生了什么样的影响？你最大的改变是什么？

然后，将他们的回答与你在追踪自己处于最佳状态的时刻时所做的记录进行比较，看看是否有答案。

重新审视人生，找到你的天赋

回忆过往经历可以更深入地了解自己。你可能会发现自己很难将对职业的选择与父母、老师和成功人士的言传身教完全分开。这很正常，因为我们中的大部分人都是根据别人的想法来做职业决策的，这样的情况也许比我们意识到的还要多。有太多的借口让我们去选择一份可能不合适的工作：薪酬待遇不错，招聘启事上的介绍看起来很好，朋友或家人的善意安排，或者因为不太了解自己而做出了大多数人认为正确的选择。回答以下问题后，你将发现内心真正的渴望，并做出合适的选择。

在以下问题中，每个部分的前半部分需要简短回答；后半部分要求你反思自己之前的答案，这需要花点儿时间，就像写日记一样，一点一点唤起你的记忆。你要尽可能多地写下你能记得的细节，而不要过度思考你的答案。之后，你将从不同的角度回顾这些问题，因此提供的细节越多越好。

第一部分：童年

你父母的职业是什么？如果有的话，他们是如何影响你的工作的？

_____
_____
_____

你小时候（八岁前）什么方面最出色？你最感兴趣或最喜欢的游戏是什么？什么活动在你看来是特别的？

_____
_____
_____

你在学习方面最擅长哪个学科？

_____
_____
_____

关于你的表现或潜力，你是否从老师那里收到过关键信息？如果有的话，主要是什么？

_____
_____
_____

反思

你试着站在旁观者的角度审视以上回答：小时候，你还喜欢什么独特的活动吗？为什么？这些可能都是找到你天赋的线索。

_____

_____

_____

随着你的成熟，你对自己的能力更有信心了，还是变得越来越不自信了？通常，当你的工作取得好的成绩或得到父母的认可时，你的自信就回来了。有些孩子一开始自信爆棚，到了青春期，自信反而减弱了，因为学校的学习变得越来越难，或者他们的社交生活变得更具有挑战性。

_____

_____

_____

第二部分：大学时期或成年初期

你上大学了吗？如果没有，为什么？你做了什么？

_____

_____

_____

你是如何选择大学的？你是如何被大学录取的？其中有哪些挑战和收获呢？

_____
_____
_____

你的研究重点是什么？为什么选择这个？

_____
_____
_____

大学毕业后你的职业梦想是什么？这个梦想是否激励了你？

_____
_____
_____

你从教授、导师和朋友那里得到了哪些反馈（如果有的话）？这些反馈是否在你大学毕业后的工作中发挥了作用？

_____
_____
_____

如果你没有上大学，那么你最初的几份工作是什么样的？你为什么要从事那些工作？在这个阶段，你对自己的成年生活有什么愿景？

_____

_____

_____

反思

在大学里，我们经常感受到很大的压力，困扰于如何开始自己的职业生涯，如何让生命更有意义。你对自己未来生活的走向是如何看待的？在你生命的这段时间里，你有什么情感体验？

_____

_____

_____

第三部分：工作

你的第一份工作是什么？你做了什么？你为什么要接受这份工作？

_____

_____

在工作中，你主要负责什么？哪些地方是你喜欢的，哪些地方是你不喜欢的？

_____

_____

在这个阶段，你对确保成功所需的能力有何看法？
_____
_____
_____

你的第二份工作是什么？你为什么接受这份工作？
_____
_____
_____

它与第一份工作有何不同或有何相似之处？
_____
_____
_____

在这份工作中，你主要负责什么？哪些地方是你喜欢的，哪些地方是你不喜欢的？
_____
_____
_____

在这个阶段,你对自己在工作中的先天优势和劣势有什么想法?

_____

_____

_____

列出前两份工作之后你所从事的每一份工作。对于每一份工作,你喜欢其什么方面,不喜欢其什么方面?

_____

_____

_____

请你随意列举工作中的几个事例,比如取得进步之类的例子。这些事例很可能与你之前学习到的东西、具体表现或潜意识有关。

第三份工作中的事例

_____

_____

_____

第四份工作中的事例

_____

_____

_____

第五份工作中的事例

_____

_____

_____

第六份工作中的事例

_____

_____

_____

第七份工作中的事例

_____

_____

_____

当前工作中的事例

_____

_____

_____

什么原因让你最终选择了现在的工作？

_____

_____

_____

在这份工作中，你最感兴趣的是什么？你最不喜欢的是什么？

_____

_____

反思

你最喜欢的工作、过去的工作和现在的工作有哪些共同之处？与你最喜欢的工作任务相关的思维方式或解决问题的方式是什么？对于你不喜欢的工作任务，回答上述同样的问题。

_____

_____

你为什么选择这些工作，是否受到了外界的影响？你有什么值得肯定的地方吗？公司或团队是否重视你想要掌握某一种技能的愿望？拥有这样的技能，你就能获得更高的薪酬或实现个人价值吗？

_____

_____

第四部分：总结

每一部分都有哪些共同之处可以展示你的天赋？这些共同之处可以是你最喜欢的思维方式，会使你高效地工作。

_____

_____

第一部分 挑战性 | 049

结合前面三个部分的问题作答：你最常用的思维方式是什么？

_____

_____

_____

请用三个词语描述一下你最渴望掌握的那种技能。

_____

_____

_____

请用其他类似的表达方式来描述这种技能。这种表述将成为命名你的天赋的基础。

_____

_____

_____

你对上面描述你的天赋的语言有何感想？你认为自己的天赋很有价值吗？你能向别人解释一下它的价值和用途吗？

_____

_____

_____

给自己的天赋命名

选择某种特定词汇来描述自己的天赋，就像只让你选出一个偶像那样困难。我认为，为某一种天赋命名，不仅是尊重它的表现，也是记住它最好的方式。我们很难向他人描述自己，在没有特定语言的情况下，我们会默认使用一些人人适用的词语，比如聪明、上进、勤奋等，它们听起来都很棒，但具体指向不明。我根据自己的天赋，将自己称为"机会发掘者"，这样命名能够表达清楚它具体的指向。它非常清晰、具体、个性化，别人很容易就能理解，知道我要表达的是什么。

回顾一下你在前面问题中描述自己的技能的三个词语。你能用更准确的词语来描述你的确切优势吗？这些词语是否清晰地定义了你的思维过程？

现在，你试着创造一个最能描述自己天赋的短语，并练习使用它。感觉一下它是否合适？别人是否可以很清晰地理解你？如果不可以，那就继续咬文嚼字。当你找到合适的短语并能够很好地描述自己时，你就会觉得别人终于能够理解你了。

以下是我对拥有某种天赋的人的命名和描述。你能根据这些描述对号入座吗？

流程创建者——使一切都能更好地运转

· 从混乱变为有序的问题解决者：可以把混乱的环境变得有序。

· 理想流程的发掘者：可以轻松地创建流程，使无序变得有序。

- 改进策略师：不断地寻找通过精简操作方式来改进工作流程的方法。
- 流程架构师：天生就喜欢找出让工作更有条理、更能高效完成的明确步骤。
- "从优秀到卓越"的策略师：可以把现有的流程或业务职能从优秀提升到卓越。

有远见的人——重新定义世界

- 破壁者：能够跳出框架思考，超越常规思维。
- 机会发掘者：具有有远见的想法，并能把握机会适时地实践与完善它。
- 创新思维策略师：在参与解决问题和完成工作任务的过程中，有能力开创一条全新的道路。
- 可能性架构师：解决看似不可能解决的问题，找到并构建罕见的解决方案，让你"燃到爆"。
- 愿景策略师：有凝聚力，能让所有人形成共同的愿景，然后指明一个清晰的方向，并引导大家共同努力。
- 战略远见者：善于创建愿景和概述实现愿景所需的步骤。
- 有远见的变革者：善于做出旨在帮助他人、社会或组织的重大变革。

战略家——推行创新举措

- 分析解决方案战略家：善于通过学习新概念和分析技术来解决

大大小小的问题。对不涉及学习新知识的事务感到厌烦。

·效率战略家：通过从各个角度审视问题，创造更好、更有效的方法来达成最终目标。

·人力资源战略家：可以轻松地建立人际关系，得到他人的认同，并能通过提供与人力资源相关的正确解决方案来满足他人的需求。

·可能性战略家：能够通过大胆设想，从普通的事物中识别出不普通的事物，并使其更加不同凡响；同时，还会创造一些前所未有的新事物。

·结果战略家：致力于让所有的努力都变得有价值。

·培训成果战略家：通过对他人进行流程或产品方面的培训来达成最终目标。

·解决方案发掘者：具有独特而强大的方法来发掘创造性的解决方案。

合二为一者——实现人和思想的有机结合

·协作战略家：善于与不同的人协作并把所有的想法整合成一个概念，从而解决同一个问题。

·问题终结者：通过不断抛出问题来理清所有状况，然后专注于制定出清晰而可操作的解决方案。

·有洞察力的思想者：热衷于剖析或分解问题，然后就如何改进或向前推进提出许多创造性的解决方案。

·综合专家：善于将多个概念结合在一起，形成一个假设或解决方案。

"催化剂"——引燃机会

· 连接"催化剂"：善于利用事物之间的联系来解决问题，从而完成任务。

· 危机终结者：善于解决危机中出现的问题，其重要性尤其体现在形势危急时能够从不同角度平衡地看待问题。

· 社会倡导者：善于深思熟虑，考虑问题时以人为本。天生就认为所有事都会对人产生影响。

· 团队效率最大化者：在解决团队效率问题方面表现出色，这些问题往往没有显而易见的解决方案。

建设者——想法和架构

· 创意成果架构师：能够直面挑战，设计出非常规的方法来解决问题。

· 流程运营官：围绕着一个重大目标，高效地管理多个工作流程。

· 设计战略家：可以创造出独特的设计方法。在创意设计过程中得到提升。

· 体验创造者：善于通过创造感官体验的过程来引起别人的注意，比如举办一场活动（相对于有形产品而言）。

· 创新的重组者：善于将事务拆分重组，以得到更好的结果。

· 思想架构师：善于提出别人从未提到过的新想法，并且用精准而富有吸引力的语言表述出来。

· 新业务增长策略师：热衷于思考业务的增长，更具体地说，是对企业成长的思考。通过思考各种各样的方法并付诸实践来促进企业的发展。

你的人格类型如何影响你的天赋

你的人格类型是与生俱来的，它是你与世界互动的方式。它在你的一生中不断发展，影响着你独特的天赋。人格类型的识别标准也被称为迈尔斯-布里格斯类型指标（Myers-Briggs Type Indicator，简称MBTI）。MBTI是一份内省的自我报告式问卷，定义了人们如何看待周围的世界并做出决定。它基于著名心理学家卡尔·荣格（Carl Jung）所提出的理论。荣格认为，人类体验世界的心理功能有四种类型，分别是思维、情感、感觉和直觉，大多数情况下，这四种类型中的其中一种对人起主导作用。按照荣格的理论，我们在应用这些功能的方式上有特定的偏好，这对形成我们的个人兴趣、需求、价值观和动机至关重要。

了解你的人格类型很重要，它能帮助你了解你是如何参与到这个世界和你的工作中的。当你能更好地了解自己和自己的动机时，你就可以以一种最适合自己风格的方式工作，包括管理时间、确定最佳决策时机及应对压力。这种自我认知可以帮助你更好地驾驭职场，灵活应对形势的变化。在团队中工作时，了解自己人格类型的基本特征更加重要，因为它可以帮助你找出解决冲突的潜在方法。你对自己的人格类型了解得越多，越能将这些信息传达给他人，就越容易化解潜在的冲突，或做出对自己的事业最有利的选择。

荣格认为人格类型是与生俱来的：人生来就会偏向于某种人格类

型。MBTI将这些差异分为八个对立面，由此产生了十六种可能的人格类型。各种类型并无好坏之分，其唯一的用途就是帮助你认识你自己。

你的天赋不一定会体现在你的人格类型中，但你的人格类型一定会对你的天赋有所影响。正如我们已经讨论过的，你的天赋就是用自己感觉最愉快和最有效的方式处理事务的能力。如果你的人格类型是内倾型，这意味着你在独自思考问题的过程中收获更大，你可能会发现独自工作可以最大限度地运用你的天赋。一个人格类型是外倾型的人或一个喜欢通过与他人交谈来思考和处理问题的人，可能和你一样有天赋，但当他和团队合作时，他会受益更大。这种人格类型差异会使每个人运用自己天赋的方式不同。

你的人格类型和天赋是使你变得与众不同的两个方面，了解它们对个人和工作来说都很重要。你的天赋决定了你最可能取得成功的工作类型，你的人格类型将帮助你找到合适的工作环境，包括你将要与什么类型的人合作，以及如何将其运用到具体工作中。

了解你同事的人格类型

确定你的人格类型，有助于向他人阐明你感知世界的方式。例如，感知者和思想家是从两种不同的角度来认知外界的，一个是感性的角度，一个是理性的角度。了解与你一起工作的人的人格类型会很有帮助，这样你就可以理解他们的观点及自己的观点。我发现职场冲突的根本原因很可能是不同人格类型的碰撞。我与多名客户一起工时，大家会因为观点不同而起争执。通过简单地帮助他们理解每个人的人格类型及其天赋，我的客户们就会明白，一个人的行为反映出的就是他的思维方式。明白这个道理，他们就能知道今后如何与对方沟通和相处了。

在工作中运用天赋

一旦确定了自己的天赋，你就会意识到有一种强大的能力等待你去开发应用。找出你的天赋和你的人格类型之间的联系，能够让你正确地开展工作，并创造出理想的工作环境。由于我的人格类型是外倾型，所以我需要与其他人一起工作才能处于最佳状态。当我和客户交谈并与他们进行深入讨论，从他们的答案中发现其思维模式，最终达成一致意见时，我最开心。这是他们人生中重大改变的起点。如果没有和别人定期互动，我就不会那么快乐，也不会专注于我的工作。

了解你的天赋并适时地运用它，还有助于你在面试或绩效评估时清楚描述你能为公司带来什么。通过描述你擅长什么和不擅长什么，你就能展示你将如何在申请的职位中发挥你的价值。了解你的天赋有助于你找到适合你的工作，而不是为工作改变自己。

在你目前的工作中，你可以运用你的天赋最大限度地发挥你的潜力，随时迎接让你感到兴奋的新的挑战。看看你是如何安排你的时间、管理工作项目的。大多数人的工作量通常会比实际可以完成的要多。事分轻重，做出选择，将那些对提升自己能力无益的工作任务剔除掉。认知自我，有序选择，这样你就可以把更多的时间和精力花在那些有意义的工作上。你有权这样做！

我把我的客户米兰达称为"危机终结者"。一旦有了危机，她就有了用武之地，即使在最糟糕的情况下，她也能保持头脑冷静。米兰达发现，一旦工作中出现问题，她就会被领导和同事委以重任。她不会因为解决问题而感到沮丧或恼怒，而是把危机看作她展示自我的绝佳机会。这种情况时常发生，让她意识到，她应该把更多的时间花在应对危机上。她开始重新分配危机处理在工作中的比重，逐渐把日常工作委托给他人。

如果你尚处于初级职位，或者是一个实习生，这意味着你还不能管理一个团队，或者说还没有足够的自由来安排你的工作量。将天赋融入实际工作中的你，可能看起来与那些有更多控制权的人无法相比。如果你没有任何机会（或没有创造机会的可能）运用自己的天赋，这表明这份工作可能不适合你。然而，你如果能发现问题并提出解决方案，就有能力改变自己在公司中的角色，将你的天赋派上用场。你要和你的经理谈一谈，让他知道什么样的工作更适合你，问问他能否帮你找到更适合你的机会。或者，你要向你的经理表明，除了本职工作，你可以为公司创造更高的价值。提供问题的解决方案是展示领导力的好方法。你可能会惊讶于别人对这种方法的接受程度。

如果你无法在目前的工作岗位上运用自己的天赋，但有可能公司还是适合你的，那么你可以在升职或更换部门之前耐心等待和坚持下去。尽管目前你还不能充分运用自己的天赋，但在未来的某一天，情况就会好起来。能够这样已经不错了，这总比你压根儿不知道自己为什么困顿、痛苦要强得多。不过，你还可以通过一些方法让事情变得更好。这本书接下来谈到的一些方法可以帮助你。这些方法不仅能很好地激励你，而且能让你在与你的天赋完美匹配的工作中取得成功。

如何说"不"

如果你不与经理沟通，他就会想当然地认为你的岗位是适合你的，毕竟他不是你，不能充分理解你的想法。关于如何使你的天赋和目前的工作岗位更好地契合，与经理坐下来认真探讨非常重要。有时你甚至可以拒绝那些显然与你的天赋不符的项目或任务。你的天赋与工作越契合，对团队和你自身的发展就越好。

你可能会担心对一个项目或任务说"不"会有风险，你的经理可能会怀疑你在消极怠工或无法很好地融入团队。这就是你们之间的谈话方式显得尤为重要的原因。你一定要把讨论的重点放在为了更好地完成工作上，并且相信公司能通过充分利用你的能力获益。你一定要面对面地与经理讨论，而不是通过电子邮件，要列举自己以往的一些成功经历，将自己优秀的一面很好地展示出来。即便经理最终没有改变你的工作任务分配，你的表现也会给他留下深刻的印象，当适合你的其他任务出现时，他会首先想到你。

如果你确实有能力拒绝分配的任务，那么在这种情况下，重要的是重新安排任务。你要给出具体的工作建议，新任务一定要适合你或让你能更好地发挥自己的优势，同时能让你得到想要的结果。还有一个办法，就是找一个合适的人来承担这份并不适合你的工作。这样就能保证这项工作正常运行，并且由一个更加合适的人来完成。

如果你很想摆脱那些不适合你天赋的工作任务，那就从全面分析整个任务开始吧。有什么办法能让你的天赋更多地运用在这项任务中呢？比如，在你做一项枯燥或费力的任务时，你可以设计新的流程来提高你的工作效率。有什么方法可以提升你的价值，让工作更适合你，并帮助你的团队或公司实现目标呢？你要发挥你的创造力，不要害怕挑战极限，毕竟，勇气也是一种领导才能。合适的公司会认可你的努力，看到你的巨大潜力，并使你在工作中感到快乐、充实。

如果你发现目前的工作很难让你运用天赋，你不清楚什么时候才可以在公司内晋升到更适合自己的职位，那么是时候换工作了。虽然这可能是一个可怕的结果，但请记住，努力寻找与你的天赋相匹配的工作才是对你未来的幸福和成功的巨大投资。

一旦你确定了自己的天赋，你的整个职业生涯就会变得豁然开朗。你的天赋几乎在任何行业都适用。虽然这听起来可能不太合乎逻辑（如果我是"设计战略家"，难道我不需要在一家设计公司工作吗？），但你有很多种方法将自己的天赋运用到职业生涯中。关键是你知道它是什么，并且能够与权威人士谈论它的价值。例如，如果你是"解决方案发掘者"，那么在混乱的情形中，你会在解决问题时感受到挑战性。你可以根据数据和其他变量，找到一种简单的解决方案。这种天赋可以运用于不同行业（如科技、金融及其他行业）的不同问题中。

你一定要清楚自己的天赋，并积极主动地去寻找让自己的天赋得以运用的机会。任何行业和职业的变化速度都是惊人的，以至于掌握某种专业知识已变得没那么重要了。职场中的问题是千变万化的，所以任何行业对能够解决问题的人的需求都在增加。你只需要准确地描述出你最喜欢的解决问题的方法即可。如果你已经在房地产行业打拼多年，特别想转行到健康行业，那么你就要展示出你在房地产行业中所运用的天赋和能力，并能够很好地将其运用于健康行业或其他你感兴趣的职业中。

很多人都在等待一份完美的工作从天而降，而不是走出去找一份让自己的天赋得以运用的工作，或者成为一位企业家，甚至创造一份这样的事业。主动走出去寻找机会，展示自我价值，将使你远远领先于大多数求职者。

确定了天赋的本

大多数人都说本的人生很完美。他从小生活条件优渥，有一个快乐的童年，长大后在一所常春藤院校就读。他毕业后工作不久，就和两位同事创办了自己的公司。本担任首席执行官，另外两人成了公司的联合创始人。几年内，公司就迅速发展起来。当我见到本的时候，他的公司已经拥有三百多名员工。尽管从表面上看他是成功的，但当回顾走过的路时，他发现有什么东西再也找不回来了。他的状态影响了公司的运作。

本找到我，因为他收到了负面而有建设性的反馈，即他没能很好地领导团队。本告诉我，他认为自己是大局思考者、梦想家、交易决策者。经营一家公司，被日常琐事困扰是他的噩梦。他不断被繁杂的事情缠绕着，无法脱身。这些小问题以滚雪球的方式演变成严重的问题。员工因工作任务不够明确而状态不佳，董事会注意到了问题的严重性。

似乎已经没有办法回避自己未能履职的事实，本想到了放弃，打算逃离这一切。"我只想和我那二十条狗一起回乡下去住。"他在一次会谈中告诉我。本如此渴望生活方式的转变，是基于对乡村生活的向往，还是因工作不顺而感到疲倦的反应呢？

本与我分享了他的经历。他认为自己非常有远见，可以预测到公司的发展走向。真正让他感到兴奋的是，他有改变世界的伟大想法。这听起来跟搬到乡下和狗一起生活的想法相去甚远，所以我断定去乡下生活一定不是他真正想要的。

我们进行了天赋养成训练，他和我分享了他处于最佳状态时的感受。我可以看出，本富有创造性和战略性，他喜欢用自己的想法影响其他人。当他的想法变为现实时，他会活力焕发，精力充沛。他不是注重细枝末节的人，他才思敏捷，非常善于决定"我们能做什么"。他热情、真诚，可以鼓舞他人。很显然，他应该跳出繁杂的日常工作，走出去促成大生意。我们称他为"可能性架构师"，因为他善于学习一些新的东西，然后利用这些信息进行创新。

当确认了本的天赋后，我们必须想出一个办法让他经常运用它。本有两位联合创始人，所以我们决定让本放下他觉得乏味的工作，将它们交给更适合做的合伙人。这让本有更多时间去做他真正喜欢做的事情，即专注于新的可能性、新的客户，甚至潜在的销售机会。他的人格类型是外倾型，这有助于他为具体的解决方案提供指导。他虽然非常注重规范化与秩序化，但对一定程度的混乱可以包容。本喜欢演讲，可以具体地回答一些意外的提问。他与人相处的舒适度和应变能力意味着灵活的工作环境对他来说才是理想的。他可以为团队成员描绘愿景，并用各种可能性激励他们。通常，新的可能性来自玩笑之间。

我建议本聘用一名注重细节的项目规划人，直接向他汇报。他从来没有考虑过聘用这样的员工。我解释说，很多高级管理人员都配有这样的人。本立即想到了贝丝。贝丝是他所在的团队中的一名普通员工，她是这个角色的完美人选。重要的是，本的人格类型是外倾型，他可以和贝丝交流想法，让她成为他思想的发声筒。

几周后，本回来找我。他的"业绩追踪器"的数据表明，他的无聊和沮丧的状态明显改善。他在"挑战性"和"影响力"两方面的得分每周都在提高，他处于最佳状态的次数从每周零次增加到三次或更多。"影响力"部分他给自己打4分，这意味着在80%的时间里，他的影响力都是他希望拥有的。我们共同确定了他的天赋，使他能够专注于自己喜欢的工作任务，同时放下他以往觉得费力的工作任务。

本聘用贝丝做他的项目规划人，贝丝成了他的得力助手。她的工作是确保团队中的每一个成员在完成工作任务的过程中都能够得到支持。本出席并主持会议，贝丝在会上提供所有细节，并确保在座的每个人都对他们的成果负责。这一次聘用改变了原来的状况，它让本摆脱了他所厌烦却不得不面对的日常工作任务。作为"可能性架构师"，他可以把时间花在达成交易和启动新计划上。本对他现在的角色很满意，虽然在工作中还会有一些不太令人兴奋的时候，但他的大部分时间都可以花在那些让他兴奋的工作上，并且能够始终如一地完成任务。与我们第一次见面时极度困惑的情形相比，现在的本每天都能在工作中拥有更深层次的自我意识，这让他感到精力充沛。

　　你一旦了解了自己的天赋，就可以开始在工作中养成它。这意味着你可以找到新的方法来运用你的天赋，从而提升工作效率，不需要花太多精力就能在工作中获得更多乐趣。你可以选择那些让你对工作更有满足感和兴奋感的任务。下一步是运用你的天赋，找到属于你的天赋地带，这是一个可以将你独特的技能同你的终极目标结合在一起的地带。

影响力

第二部分

THE GENIUS HABIT

最适合你的工作应该可以让你充分施展才华，运用你的天赋。在现实生活中，你的目标可能比激情更有意义、更持久。你的目标应该可以对别人产生影响，这会使你的人生更有意义。激情和目标的区别在于，激情可以在短期内使你变强大，而目标会更持久，并最终给你带来更大的成就感。

第四章　不要再肆意宣泄激情，要找到自己的目标

问题：你最后一次在工作中感到真正满足是什么时候？

天赋养成计划：找出你的核心情感挑战，并利用它找到你的目标。

当听到"追随你的激情"时，你会和我一样感到厌恶吗？不幸的是，这个善意的建议让我们在试图将一项爱好转变为事业时感到沮丧。激情被定义为一种感觉，这种感觉是短暂的，它燃烧得很凶猛，消逝得也很快。你的激情只能在当下带给你快乐，不会定义你是谁或你擅长什么。由此可见，激情和你的天赋几乎没有关系。

我见过很多人追随自己的激情进入职场。他们中的一些人在大学里偏爱一门课程，并认为这样有利于毕业后找到努力的方向。有的人喜欢美食，就考虑在餐馆里工作；有的人热爱健身，就想着将来可以成为一名私人健身教练。对于很多人来说，追随激情似乎就是解决对职业不满问题的捷径，但它往往不能解决真正的问题：如果不关注自己的天赋，这些人真的不知道什么样的工作适合他们。他们不知道自

己会给某份工作带来什么价值,也不知道自己喜欢如何工作。当这些人发现与他们的激情相关的工作并不适合自己时,他们就会感到失望甚至沮丧。他们可能会因此放弃自己的爱好,当然,他们在职场上的感觉不会比开始的时候更好。他们没有意识到自己为什么会不满意,就盲目地跳槽到另一家公司,去追随另一种激情,于是同样的痛苦再次出现。

知心的朋友和家人可能会根据他们对你的激情和兴趣的观察向你提出职业建议。例如,你对烹饪有激情,喜爱它是因为自己很少有机会去做。实际上,你对烹饪的喜爱不是出于喜欢膳食计划或厨艺,而是出于烹饪可以将人们聚集在一起吃饭。这样的话,烹饪不失为一种挑战自我的方式。很多人来参加你的晚宴时会说:"噢,天哪,一切都很美味!你应该开一家餐馆。"

如果你对自己的天赋和目标认识不足,你可能真的会认真考虑,也许他们是对的:"我应该放弃经营自己的事业,当一名厨师。"但是,你是"机会发掘者",只有一份工作可以为你提供每天都能运用自己的天赋的机会并与你的职业愿景一致,你才会改变自己的职业。成为一名厨师的话,你就没有机会从事那种真正让我兴奋的工作,除非可以把大部分时间花在跟客人交流在餐厅吃饭的感受上,从中获取他们的反馈,从而决定如何改变配料的顺序,最终更好地满足客人的口味。不过,大多数厨师都不是这样安排时间的。事实上,你更适合担任餐厅经理的职务。当其他人建议你经营一家餐厅时,他们并没有考虑实际问题,也没有考虑厨师的实际工作非常不适合你。

只有少数幸运儿才有机会仅凭他们的激情就可以选择一条既能

运用自己的天赋，又能带来满足感的职业道路。激情可以为你提供方向，但如果你不能将它与你的天赋联系起来，它将不足以帮你找到可以给你带来可持续性挑战的工作。例如，你喜欢健身，每周都坚持锻炼五天。也许你会在Fitbit①这样的公司或像耐克这样的服装巨头里工作，并取得成功。但如果你决定将自己对健身的热情直接投入该行业的一家公司中，而不运用自己的天赋，你最终可能会误选一项与个人技能不匹配的业务，比如与销售或营销相关的业务。在这种情况下，你可能会对一份你觉得应该是完美的工作感到厌倦和沮丧。

在你热爱的领域找到一份喜欢的工作听起来很棒，但我认为，最适合你的工作应该可以让你充分施展才华，运用你的天赋。在现实生活中，你的目标可能比激情更有意义、更持久。你的目标应该可以对别人产生影响，这会使你的人生更有意义。激情和目标的区别在于，激情可以在短期内使你变强大，而目标会更持久，并最终给你带来更大的成就感。

你的目标会受到你的个人经历和核心情感挑战的影响。核心情感挑战是消极体验的积极表达，在最深的层次上对你产生影响。你的核心情感挑战代表了你对生活中各种事件或一件改变你人生轨迹的重大事件的反复情绪反应。由于它对你产生了深远的影响，你会发现帮助别人应对同样的挑战非常有意义。你如果能利用学到的东西（即便只是在潜意识中）去帮助别人，就会找到自己的目标。过去的失败教训及如何走出迷茫困境的经验，会使你对找到一份合适的工作的理解更

---

① Fitbit：美国一家研发和推广健康产品的公司。

加深刻，而不是仅凭对美食的喜爱就在餐饮业找一份工作，也不是因为热爱音乐就要成为一名音乐家。

在理想情况下，你的目标将持续下去，并通过对与其直接相关的其他人产生影响，为你提供无尽的动力，因为你的核心情感挑战永远是你的一部分。如果你正在对比你自己更重要的事情产生影响，并且它与你的个人经历直接相关，那么即便这是一项具有挑战性的工作，你也会很容易发现其中的真正乐趣。但当这种个人联系缺失时，你即便在为最引人注目的事业做非营利性的工作，也会觉得自己是在履行义务，而不是在享受纯粹的快乐。

许多人的职业生涯都是从试图回答一个看似简单的问题开始的："你想成为什么样的人？"有些人会发自内心地回答：宇航员、警察，甚至总统。有些人选择了与父母不同的道路，他们的做法看起来很酷，但这并不适合他们。我们看到，他们对自己的职业不满，于是决定另辟蹊径。也许我们已经开始觉得某些愿望超出了自己的实际能力，所以我们开始降低自己的期望值。

这个问题还会以其他形式出现，比如："你打算主修什么专业？""大学毕业后你有什么计划？""你会从事什么样的工作？"这些问题的共同之处在于它们是对未来的揣测。这意味着，在某个时刻，我们将变得比现在更强大或更好。它们还关注我们要做的工作，从事的行业，想要的头衔。

我认为我们从一开始就提出了错误的问题，这会让很多人走上错误的道路。在我们了解了各行各业、职业道路和专业技术的基础上，我们几乎可以在任何地方做任何事情。让我感到震惊的是，根据盖洛普2016年的数据，68%的美国人对工作都很难全身心地投入。为了全身心投入工作或在其中找到满足感，我们应该停止过多地关注什么工作，而更多地考虑为什么。

幸运的是，有一种方法可以纠正错误。通过理解你为什么会被你的目标吸引，你可以认识到它对你起到的激励作用。事实上，了解你的职业生涯的内在驱动力至关重要。没有它，你就失去了成功的基本要素。

关于动机的另一个理论来自亚当·格兰特。亚当·格兰特教授以接线员、邮递员、游泳池救生员为对象，研究了个人成就感与工作影响力之间的关系。格兰特发现，在任何情况下，那些知道自己的工作会对他人产生积极影响的员工不仅比其他员工更快乐，而且他们的工作效率要比其他人高很多。

在2007年进行的一项研究中，格兰特对一所公立大学的接线员进行了调查。这些接线员需要给一些潜在的捐款者打电话，并要求他们捐款。在这项研究中，格兰特和研究人员安排了一组接线员与获得奖学金的学生会面，这些学生都曾接受过学校的筹款资助。会面时间不长，只有五分钟。其间，接线员能够与这些学生进行互动。在接下来的一个月里，这次简短的会面产生了巨大影响。与奖学金获得者互动过的接线员给潜在捐赠者打电话的时长是没有与奖学金获得者互动的接线员打电话时长的两倍多，而且带来的捐款金额更大：平均每周503.22美元，远高于没有与奖学金获得者互动的接线员带来的185.94美元。这项研究清楚地表明，了解工作的影响力会改变你的动机和表现。

关于动机的第二个理论来自丹尼尔·平克（Daniel Pink）。他在名为《驱动力》（Drive）的书中写道，科学和商业活动之间存在差距。科学清楚地告诉我们，金钱和福利等奖励并不能激励员工；然而，企业往往无视这项研究成果，继续使用这些奖励以求提高绩效和工作效率。通常，这些奖励确实会吸引一些高素质的员工从事特定的工作。但免费的食物、游戏室，甚至加薪，对享受工作丝毫不起作用。这一悖论让员工感到困惑：为什么我得到了那么多物质奖励，还是没有工作动力呢？这没有什么神秘之处，原因在于这样的物质奖励无法让员工在工作中感受到挑战性，无法为他们带来持久的满足感。

丹尼尔发现激励的真正驱动因素是：

1. 自主：我做什么，我决定。
2. 专精：把想做的事情做得越来越好（我认为这与天赋有关）。
3. 目标：超越自身的渴望。

丹尼尔指出，前两项因素很重要，第三项因素也必不可少，它是前两项因素的基础。自主学习的人会自发地向专精方向努力，但那些有更大目标的人会取得更大成就。最有动力的人（更不用说那些工作效率最高和对工作最满意的人）会把自己的愿望与追求的宏伟目标紧紧地拴在一起。

由此可见，明确的目标显然是激发工作积极性的关键。这似乎很简单。你如果明白你的工作将以一种更有意义的方式改变他人的生活，就更有可能精神焕发地去完成你的工作。一方面，在工作中感到快乐与自己的天赋得以运用、工作具有适当的挑战性有关；另一方面，发现工作的意义与你在工作中的影响力和你的目标有关。没有什么比知道你的工作能让世界变得更美好更令人欣慰了。

确定你的核心情感挑战，并通过它找到你的目标

你的核心情感挑战可能是你意识不到的个人的一部分。通过对工作的动力与激励因素的热情探索，我认识到了核心情感挑战的力量。认识到这一点，我就明白了：这是找到我的目标的途径。

我在弗吉尼亚州夏洛茨维尔附近的一个农场长大。我总觉得自己和家里的其他人不一样。我认为自己不属于那里，我的父母和兄弟姐妹并没有认知到真正的我。我们最大的不同是，我的人格类型是外倾型，我家里的其他人的人格类型大多是内倾型。同学们都取笑我，因为我是一个来自农场的女孩，也因为我参加了团体演出，但这是我喜欢做的事情，让我觉得自己的日子变得有意义了。我明白，我想要的生活与童年时期的经历是完全不同的。我想生活在大城市，想看看外面的世界。然而，我的家人无法理解我的梦想和志向。我记得我告诉爸爸，我要住在城市里，要做一名企业高管，他笑着说："好吧，劳拉，我就拭目以待吧。"对于我的梦想、我的能力，他总是不认可。他觉得我与周围人做事情的方式不同。

虽然对自己想要的生活没有清晰的规划，但我知道，只要真正想要，就必须努力实现。父母尽管养育了我，也深爱着我，但并没有站在我的角度、以我的方式来帮助我思考未来。家人为我规划的人生

是：好好学习，考上大学，找一份稳定的工作。当我追求一些稍微不同的东西时，我的父母总是不同意。比如，在瑞典读一年大学，他们认为这是我的又一个疯狂的念头，会问我："哦，劳拉，你又要干什么呢？最主要的是，学费该怎么解决呢？"我即使受到家人的质疑，还是申请了一个留学项目，最终他们同意了我的决定。

从瑞典归来后，我比以往任何时候都更快乐，这段经历让我感觉自己发生了彻底的变化。我该怎么向我的家人讲述这一年的时光呢？该如何总结这一年学到的一切呢？在瑞典求学期间，我只给家人打过几次电话，写过几封信。通过这样简单的沟通，他们不可能注意到我已经成为一个女人了，也无法感受到我心理上产生的变化。那时我自信满满，觉得到哪里都可以发光发热。我觉得我的生活已经发生了翻天覆地的变化，我可以得到自己想要的任何东西。当然，我的家人现在已经知道了这一点，但那时并不知道。从瑞典回来几天后，当我和父亲开车去一家餐馆时，我拿出我的照片。这些照片每一张都记录了一段旅行，有去芬兰过周末的，有在公寓里举办派对的，有和朋友一起去英国旅行的。为了省钱，照片上的我们吃着烤面包。

"看来你这一年都在玩，我的钱都被你白白浪费了。"父亲说。

我听了感到很泄气，哭着下了车。我父亲永远无法理解这段经历究竟是如何彻底改变我的，也不会明白为什么会改变我。这是我第一次从渺小的自我感觉中挣脱出来，我无法言说这种感受，更无法说服他。我感到很伤心。

几年后，在创业初期，我花了很多时间跟踪自己的行为和想法：我的目标是什么？什么让我有满足感？直到一天下午，我像往常一样在健身房锻炼，踏上跑步机，抬头看着一排电视机，寻找奥普拉·温弗瑞（Oprah Winfrey）的脱口秀节目。

那期节目的嘉宾描述了一段使我感同身受的经历。她分享说，她觉得没有人理解她，她是那么独一无二，却不得不去努力适应各种不同的环境。听着她的经历，我生活中的许多相似的画面浮现在眼前。我意识到那位女士没有得到她身边重要的人的关注。我也常常有同样的感受。眼泪顺着我的脸颊流下来。这是我第一次真正意识到这种巨大的失落感。

我终于明白，不被关注对我来说是一种核心情感挑战。更重要的是，我明白了，许多年来，这种不被人关注的感觉是使我产生很多不满情绪的原因。在职业生涯早期，我谋得了一些不被人关注的工作，虽然别人对我都很满意。我接受了那些与自己不匹配的工作，我成了别人希望我成为的样子。每个经理通过工作来了解我，但他们所了解的并不是真正的我。在和我的客户合作的过程中，我发现人们会下意识地重建反映他们家庭价值观的环境，因为这样他们会感到舒服。这就是我在谷歌公司的体验：从表面上看，它的确是一家很棒的公司，能在那里工作足以让我的父母感到高兴。我意识到，我在一遍又一遍地重建那个让我感到不被看见、不合时宜、不完全正确的环境。这些公司并没有看到真正的我，也没有看到我的潜力，因为我没有看到自己。

在我继续寻找目标的过程中，我想到了一些重要的经历，比如去瑞典学习，在第一资本集团时被派到南非工作，在纽约创业等。这些经历都处于别人的怀疑声中，却是我的财富，它们见证了我战胜困难的时刻。在我的家人看来，这其中的每个决定都是越界的，或者太冒险了。这让我觉得他们似乎没有认识到真正的我。难道他们不相信我能做我想做的一切吗？他们不明白我在做什么，担心我会失败。当时我不知道他们的恐惧是出于对我的关心和爱，只知道他们不懂我想做自己的愿望。

我确定了自己的核心情感挑战之后，就知道帮助别人了解真实的自己是我的人生目标。事实上，我已经这么做了！我总是试图让人们感觉被看见。我通过提出很多问题来实现这一目标，我对人们所关心的是什么感到好奇。聚会时，我总是与别人深入交谈，谈论他们的工作及他们对工作的感受。我能很快看出对方的价值，并试图向他们指出这一点。我会被电影、图书和电视节目吸引。这些电影、图书、电视节目说明，人们唯有充满自信，善于发挥自己的优势，才可以成为真正的自己。

在职业生涯早期，我一直不注重以这种方式帮助他人。我明确了自己的目标之后，立刻将这种方式纳入工作实践中，最终创造了一份让我充满活力的事业。帮助客户发现自己的天赋和目标，是我让他们认识自己价值的最好方法。一个又一个案例说明，只有让他们更好地了解自己的天赋和目标，才能让他们高效地完成工作，并取得更好的结果。

大多数人并不清楚他们的目标是什么。因为他们没有花时间去发现自己的核心情感挑战，所以他们对自己对其他人，尤其是对同事所产生的影响一无所知。我的客户罗宾反复对她的同事们说，他们的工作是多么出色，并向他们对团队的贡献致谢。在我们认识之前很长的一段时间里，她在工作中一直都这样做。但是，直到我们谈论到这一点,她才意识到她的鼓励对其他人产生的影响。当我向她指出这种肯定别人的行为与她的核心情感挑战有关时,她恍然大悟。罗宾从来没有意识到,她之所以会不断地肯定他人,是因为她从来没有从她的母亲那里得到过肯定。她虽然一直在支持她的同事,但是没有意识到自己这样做的原因。通过填写"业绩追踪器"表格,她意识到肯定别人让她感觉有多棒,以及这种良好感觉在工作中对她的激励作用。确定了这一目标之后,她做得更好了,并将这一目标当成一种资产。更重要的是,她从自身内部的改变做起,开始肯定自己,这让她感到更加自信,拥有了更多的发言权,得到了应有的晋升。

本书是我的目标的进一步延伸:我希望当你踏上天赋养成之路后,你在工作中的努力会被注意到,真正的你会被看见。

找到你的核心情感挑战

我们每个人都面临着各种各样的挑战,我从我的客户身上发现,几乎总有一个极大的挑战会反复出现。下面的练习旨在通过观察你过去的思维模式来发现你的核心情感挑战。准备开始吧!你要如实回答以下问题,不要担心它们会对你的目标产生什么影响。回答完这些问题后,重新审视你的答案,想想关于目标的想法是从哪里冒出来的。

第一部分:五到十八岁,未成年时期

上高中前,你最美好的经历是什么?最具挑战性的部分是什么?

为什么?
_____
_____

你高中时代最美好的经历是什么?最具挑战性的部分是什么?为什么?
_____
_____
_____

你受欢迎吗?你有好朋友吗?友谊是如何影响你的自信或自我价值感的?
_____
_____
_____

你如何描述你的家庭生活?你如何描述和父母的关系?你的家庭生活稳定吗?
_____
_____
_____

你的家庭对你有什么具体影响?

_____
_____
_____

在这一时期,父母和你的关系怎么样?他们认可你的长处吗?他们是否对你的职业生涯有明确的想法,是否对你的生活有所规划?

_____
_____
_____

反思

站在旁观者的角度分析你给出的答案,写下这一时期最明显的情感挑战。

_____
_____
_____

上面所列出的情感挑战现在都出现在你的生活中了吗?

_____
_____
_____

第二部分：大学时期

如果你没有上大学，就把这些问题用到高中毕业后的四年中你所做的事情上。在这一时期，有关你的职业，有没有什么决定性的时刻？也就是说，你是否有重要的领悟，或者做出了一个对选择第一份工作或职业抱负有重大影响的决定？

_____

_____

_____

在这一时期，你经历了哪些情感挑战？

_____

_____

_____

反思

回顾这项练习中的所有问题，找出你认为最重要的情感挑战，并找出一个始终存在的挑战。

_____

_____

_____

找到自己的核心情感挑战之后（或许你还没有找到这一挑战），回顾一下你在工作中最满足的时刻。列出在过去的一个月里，你对自己产生的影响感到满足的时刻。写下你在工作中对他人产生的具体影响。

_____

_____

_____

解决你的核心情感挑战

当我弄清自己的核心情感挑战后，我意识到，要想真正成功，我需要解决自己在没有被人关注时出现的消极行为。这意味着，我要留意这种行为发生的时间，并解决它在我内心引起的焦虑。我认为不可能把一种核心情感挑战从你的生活中完全消除，但对它有更强的意识可能是治疗的第一步。

我必须努力卸下情感包袱，这样它才不会影响我的快乐。我对自己的负面心理信息进行了大量重组，并试着尊重和喜欢自己。我告诉自己，只有愿望和目标才是不竭的追求。我一边肯定着自己，一边追逐着自己创业的梦想，并期盼着哪天梦想成真。重要的是，我学会了看清自己，这正是我希望看到的。

我把时间和精力都放在解决核心情感挑战上，这样的话，当我觉得自己没有被人关注时，我就能更好地控制自己的情绪，不会再被其左右。不要误解我的意思，当我觉得自己没有被关注时，我还是会伤心，也会很沮丧，但我已经清楚了这些情绪的根源，所以可以很快摆脱这种负面情绪，然后变得积极上进。

解决不同的核心情感挑战，过程可能会有所不同，不过都需要从找出你的核心情感挑战开始，然后找出这种挑战从你的身上偷走了什么。例如，我的客户兰迪的核心情感挑战是没有被优先考虑。每当他觉得别人的需求被优先考虑时，或者经理批评他没有团队精神时，他就会感到焦虑不安，有时甚至到了崩溃的地步。经理一直认为兰迪不是一个很好的团队领导者，但兰迪在团队中拥有很高的威望，他总是可以让团队中的每个人都觉得他们很有价值、很重要。他的目标是让人们感觉自己被优先考虑，但他没有抚平自己内心的伤口。有时他会让人反感，但这不是他的本意。

我建议兰迪使用"业绩追踪器"来记录他没有被优先考虑时的情况。他越来越了解自己产生这种反应的频率，并意识到产生这种反应更多的是与他的过去有关，并不总是与现在有关。接着，我们开始清除他头脑中的负面信息，让他不再惧怕无法成为周围人的优先考虑对象。坚持了几个月后，当他面对他的核心情感挑战时，他的情况改善了不少。这为他治愈自己的严重创伤增强了信心。

目前，我的主要业务是帮助客户找出他们的核心情感挑战，并找出解决方法。我通常会看到两种不同的情况。

第一种情况是，有些人忽视了解决自身的核心情感挑战，只专注于帮助他人。优先考虑他人是这些人的处事风格，但是当自己没有被别人优先考虑时，他们就会失控，这意味着他们的处事方式不合适，所以无法确保自己被优先考虑。虽然他们可以从帮助他人的过程中获得满足感，但他们的自尊心会一再受到伤害。他们不断做出消极的自我评价，而消极的自我评价可能是失去自信的根源，也是职业生涯的终极杀手。如果不想办法解决这个问题，他们可能会深陷混乱、愤怒、焦虑或恐惧的情绪中无法自拔。

　　第二种情况是我乐于看到的，有些人意识到了自己的核心情感挑战，开始着手解决这一问题（无论是刻意为之还是自然而然），并利用它来帮助他人，但他们没有把应对核心情感挑战视为自己的目标。我的客户苏珊是一家中型公司的高管，她业务能力强，但缺乏自信。通过了解，我发现她总是无法确切地告诉我她的目标是什么。当我指出她的这个问题时，她突然意识到这就是她的核心情感挑战。苏珊的目标是通过给予他人大量的支持，帮助他人实现并超越预期目标。她认为自己已经把这一目标融入工作中，因为她已经成为一名成熟的经理，热爱她的团队，给予团队成员很大的支持。她看到团队的表现超出她的预期的时候，就会获得满足感。在应对核心情感挑战方面，她还有很长的路要走。在无法得到足够支持的情况下，这一挑战变得异常艰难，但她明白，她一直在潜意识中利用自己的痛苦来促进与他人的互动。在不断应对核心情感挑战的过程中，她变得更加谨慎，更加自信。

　　一旦确定了核心情感挑战，你就会感到惊讶：当你在工作和生活中感到不舒适时，它就会出现。在这种时候，你可能会对自己说："我不知道自己为什么会流泪，难道就因为朋友在最后时刻才告知我取消了原有的计划吗？"可能取消的活动对你毫无影响，被忽视的感觉才是你的核心情感挑战。现在一件看似普通的小事就会引发你埋藏已久的深层痛苦。认识到自己的核心情感挑战是一种解放：这是一件微不足道的事情，我虽然感觉不舒服，但可以退一步对自己说，哦，等等，这是一个核心情感挑战，或许问题的根源是过去的某一事件。

我此刻的反应比事件本身更重要。

当你开始注意触发因素时，你就可以调整自己的反应。根据心理学家约翰·卡乔波（John Cacioppo）博士的说法，我们的大脑接收到的负面信息多于正面信息。事实上，我们的大脑接收的负面信息和正面信息的占比分别是三分之二和三分之一。不过，我们可以时刻通过增加更多的正面信息来改变这一占比。

我发现，当我们被核心情感挑战触发时，我们可以通过积极的自我评价来抵消消极情绪，这是一种非常有效的治愈方法。比如，当我接收到我没有被关注的负面信息时，我会换个角度告诉自己：其实我还是被关注到了。这样做会让自己平静下来。有时我会对自己说：至少我关注到了自己，我很有价值。

通过用积极的思维模式取代消极的思维模式，你就可以减少核心情感挑战的影响。你可以尝试做出一些积极的调整，以下是具体的建议。

（1）调整消极心理倾向

为了调整消极的心理倾向，你首先要注意到脑海中显现的特定信息。这样做，你就可以创建新的、更积极的信息，以取代消极的信息。这相当于你在大脑中创建了新的传导通路，连接到现在的想法，而不是过去的记忆。例如，你的消极情绪告诉你，自己多么失败和愚蠢，那么你就把这个信息反过来，告诉自己，你就是一个聪明的人，是一个非常有价值的天才，会非常成功的。

重复这种积极的陈述有两个好处。一是你会立刻感觉好多了；二是随着时间的推移，你会感到更加自信。你会不断印证这种积极的论断，更倾向于注意生活中与你所创造的积极信息相匹配的地方，一切都会朝着你所希望的方向发展。相反，这就是为什么当你被消极情绪笼罩时，生活看起来举步维艰。

（2）尝试敲击法

敲击是一种改变你神经能量的行为疗法，是一种正念练习，它能把消极的想法转化为积极的想法。根据《刺激体验》（*The Stimulati Experience*）一书的作者吉姆·柯蒂斯（Jim Curtis）的说法，敲击也被称为情绪释放技巧（Emotional Freedom Techniques，简称EFT），它很好地融合了中国古代的穴位按压法和现代心理学。敲击意味着打断和改变既定的模式和习惯。它可以帮助你找到深层次的情感创伤的根源，然后帮助你平衡身心，从而将消极的行为或感觉转变为积极的行为或感觉。

身体像宇宙中的一切一样，是由能量组成的。穴位是连接机体与外界刺激的能量通道，轻轻敲击身体各处的穴位，身体就会做出反应。你要专注于你的核心情感挑战，同时用指尖对身体各处的穴位分别敲击五到七次。柯蒂斯认为，每次敲击的最后，你都应该以积极肯定的结束语来结束敲击。我建议制定一套肯定的说法，将你经受的核心情感挑战赋予积极的意义。有些人可能会说："我和其他人不同，只有我才理解我自己。"通过将你面临的核心情感挑战转化为积极的语言，并将积极的语言与穴位敲击相结合，你就可以快速地对你的大脑进行重新编程，将消极反应转化为中性体验。随着时间的推移，当你的大脑不再将应激情境与消极情绪和消极反应联系起来时，你对触发因素的反应就会减弱。

重新规划职业生涯的艾丽卡

艾丽卡今年二十五岁，走出大学校门已经几年了。其间，她找到了一份工作，原以为是自己想要的工作，却发现自己对这份工作一点儿都不满意。这是一份她一直憧憬的与电影相关的工作，但她发现这个入门职位的工作内容毫无意义，而且她没有得到特别好的对待。公司的氛围并不理想：人们总是在背后议论彼此，团结协作不够，金钱输送是升职的唯一路径。因此，这份工作让艾丽卡感受到了挫败，她不想再继续这样下去了。难道所有的工作都是这样的吗？

她向我诉说，她想找到适合自己的路，想让我帮她选择一份工作，一份既可以让她感到兴奋，又不太辛苦，还可以对他人产生积极影响的工作。我将她称为"机会设计师"，因为她擅长捕捉和创造机会。捕捉新的机会是她在电影行业中最喜欢的业务：当她挖掘出有成功潜力的剧本并在达成协议的过程中发挥作用时，她在工作中感受到了快乐。

她的目标是帮助其他人实现梦想，这源于她的核心情感挑战，即她在实现梦想的过程中感受不到支持。她的父母认为漂在纽约追求电影事业的想法是愚蠢的，这不是一种"真正的"职业。她学习地方戏的追求没有得到支持，对电影的兴趣也没有得到理解，即便如此，她还是与高中同学一起制作了电影。当然，为了让自己的梦想成为现实，她更加努力，但从始至终都有一种孤军奋战的感觉。因此，她理解别人的梦想，想要帮助别人追求梦想。

我了解了艾丽卡的天赋和目标，帮助她找到了她可以从事的各种工作。我使她明白，虽然她曾经的工作不适合她，但这并不意味着她永远都无法在电影行业中找到一份适合她的工作。虽然电影事业是艾丽卡的兴趣所在，但重要的是她要找到一份与自己的天赋相匹配的工作。这样一来，虽然她对电影的热情不断减弱，但只要让她的天赋得以运用，并产生与她的目标相呼应的影响，她就会喜欢她的工作。

我们探讨了艾丽卡闻所未闻的工作，比如，加入为大型销售活动拍摄视频的摄制组，或者加入为其他公司制作短片的摄制组。考虑到她的天赋和目标，我们把职位的范围进一步缩小。这些职位虽然都是入门级的，但会让她有更多的自主权来创造机会，并让她发挥与目标一致的影响力。对于每一个职位，我们都会对她将要做的实际工作进行评估，看看是否有机会让她发挥自己的优势。我们分析了每个职位和每家公司的影响力，评估该职位是否可以让艾丽卡帮助他人实现梦想。每当我们拿到一份职位清单的简介时，我们都会仔细地研究职位说明，以确定如何将她的天赋和目标与每一家公司的具体职位要求很好地结合起来。我希望她能够展示出自己对团队和公司的价值。

最终，她选择了一份为不同行业制作培训视频的工作。她所在的团队通过拍摄有趣的视频来教授人们关键的技能。她欣喜若狂，因为这份工作既能让她运用自己的天赋，又能让她实现自己的目标，而且她正在开发的产品是她所喜爱的。她觉得自己在帮助别人通过学习成功所需的特殊技能来实现梦想。

我经常和艾丽卡交谈，她告诉我，虽然她的事业才刚刚开始，但她觉得自己有了一个良好的开端。她已经在目前的公司找到了上升空间，她的目标是有一天可以拥有自己的电影公司，那样的话，她就可以帮助一些作家和演员，将他们的艺术传播到整个世界。对此，我深信不疑。

你知道自己的目标是什么吗

如果你很难确定自己的目标，下面的范例可能会给你些许灵感。以下关于目标的表述都与一些常见的核心情感挑战有关。了解这些核心情感挑战的表述可能会帮助你看清自己。

积极： 成为一股积极的力量。如果你从小总挨批评，在一种消极的环境中长大，那么你会尽可能多地把积极评价带到各种环境中，这样会给你带来满足感。

理想环境： 创造一种让人闪亮发光的环境。这一目标根植于一种核心情感挑战，即你在一种特定的环境中长大，特别是在学校或家庭，这种环境使你不适。因此，你喜欢为他人创造理想的环境，让他们能更好地发展。

机会： 创造机会。如果你的核心情感挑战是在缺乏机会的情况下（无论是经济上还是其他方面）成长，那么为他人创造机会能给你带来巨大的满足感。

支持： 支持他人实现宏伟目标。你喜欢支持他人，帮助他们实现宏伟目标。你可能有过一段痛苦的童年经历，在那段时间里，成功的门槛很高，你没有得到达到那个目标相应的支持。

勇敢：帮助别人做自己。这种核心情感挑战来自一种模式，即因为害怕被拒绝而隐藏自己。你想以一种合适的方式帮助他人变得勇敢。

自由：使他人感到舒适。这种核心情感挑战来自曾经受到的不良束缚。因此，帮助别人感到舒适和不受约束，使事情能按他们的意愿发展，这对于你来说是一件很有成就感的事情。

掌控：帮助他人获得掌控力。如果你早年因为家庭生活不稳定或其他事件而感到不适和失控，那么帮助他人获得掌控力对你来说尤其有意义。

理解：帮助别人在不同的情况下感觉到被理解。帮助别人感觉到被理解对你来说是有意义的，因为能够被你的家人和亲密的朋友理解，对你而言是一种持续的挑战。

发声：帮助别人拥有发言权。这一目标可能源于你从小在一个很少或根本没有沟通的家庭中成长，你没有被倾听的感觉。帮助别人敞开心扉，让他们有发言权，或者微调他们需要分享的信息，这对你来说是一件很有成就感的事情。

独辟蹊径：帮助他人走不同的道路，而不是走预期的道路。不走寻常路对你有强大的吸引力，由于没有受到去尝试的鼓励，帮助他人独辟蹊径会让你有成就感。

失败：帮助他人克服失败。这一目标来自处理他人（最有可能是你的父母或其他重要的人）的失败这一核心情感挑战。你已经学会做正确的决定，并避免对他人产生负面影响的失败。此外，通过帮助他人应对同样的挑战，你会获得满足感。

潜力：帮助他人走出舒适区，从而使他们发挥出潜力。你喜欢帮助别人发现更多的可能性，任何可以让你为他人创造这种机会的事情都值得去做。这是因为你觉得自己被困住了，不相信自己，或者目睹了父母或其他亲人没能展示出其潜力的遗憾。

归属：帮助他人找到自己的定位。你通过帮助他人找到他们在工作场合或日常生活中的确切定位而获得满足感。你之所以对此感到满足，是因为你感觉自己一直处于并不属于你的地方，并试图找到自己在这个世界上的存在感。

接受：让别人感到被接受。你平易近人，很有亲和力，被大家接纳会给你带来满足感，因为它与你的一种核心情感挑战有关，即你觉得自己没有被家人接受。

融入：让别人觉得自己很好地融入团队了。你喜欢帮助别人，使其感觉到被团队接纳。原因是你的核心情感挑战是感到被忽视，特别是你从小就是一个害羞的孩子，而且曾经被伙伴们孤立。

重视：让别人觉得自己很有价值。你在一个不重视自己的家庭中长大，在家人的教导下，你可能成了另一个自己，没有了本来的模样。因此，你通过帮助别人感受到自己的价值而获得满足感。

冷静：帮助别人应对混乱。你如果从小需要在一个混乱的环境中寻找方向，就很有可能掌握一种独特的适应技巧，即便在风暴面前也能保持冷静。你乐于帮助他人在忙碌、快节奏甚至混乱的工作环境中保持冷静。

公平：促进公平。你的核心情感挑战是你觉得自己处于不公平的环境中或你没有得到与其他人同样的机会。这种核心情感挑战一直困扰着你，你会为了所有人得到公正的对待而努力，因为你觉得这是有意义的。

优先排序： 帮助别人优先考虑他们的需求。通过帮助别人看到他们的需求被优先考虑，你会得到满足，因为你体验过自己的需求没有被优先考虑的痛苦。

脱颖而出： 帮助别人脱离被无视的境地。通过帮助个人或团队脱颖而出，你会感到满足。这与自己没有存在感这种核心情感挑战有关。帮助别人说话，将他们的想法公之于众，你的价值从而得以体现。

将目标付诸行动

星巴克董事长兼首席执行官霍华德·舒尔茨（Howard Schultz）在《将心注入》（*Pour Your Heart into It*）一书中写道，他在纽约布鲁克林的一个犹太工人家庭中长大。他的母亲伊莲在家负责照顾他和他的兄弟姐妹，他的父亲弗雷德从事的都是蓝领工作，包括卡车司机、工厂工人等。1961年，在舒尔茨七岁的时候，他的父亲摔断了脚踝，却没有医疗保险或工伤赔偿，整个家庭突然没有了经济来源。舒尔茨在书中写道，他仍然记得父亲躺在床上、把腿搭在沙发上的样子。

从某种意义上说，舒尔茨的成功得益于他的父亲。然而，父亲在脚踝摔断几年后就不幸去世了。舒尔茨在书中写道："父亲认为他的工作是有意义的，却没有得到应有的尊严，没有获得满足感。"

在我看来，舒尔茨的核心情感挑战是看着家人苦苦挣扎，尤其在健康方面。这影响了他的职业生涯。舒尔茨总是会优先考虑工作能否保障所有员工的身体健康。在他的领导下，星巴克很早就开始为每位员工（包括兼职员工）提供健康保险。这项政策在1988年开始实施，星巴克成为美国较早为兼职员工提供健康保险的零售企业之一。

星巴克表示，他们的目标是分享美味的咖啡，帮助世界变得更美好。这种表述与它的使命是一致的：一个人、一个杯子和一段时光，就能够振奋人的精神，滋养人的灵魂。我从未见过舒尔茨，但我打赌他的目标深刻影响着所有的员工和每一位顾客。因为他目睹了父母因为没有健康保险和能够养得起孩子的工作而承受的痛苦和负担，所以他为星巴克的员工创造了截然不同的环境，这对他来说是最大的满足。毫无疑问，他的动机与他的目标有关。他的这一目标已经成为星巴克能够取得巨大成就的一个关键因素。

让我们把目标付诸行动吧。在下一章，你将会学习如何利用自己的目标在工作中获得更多满足感，你将会看到你影响他人的频率。

第五章　满足感＝影响力

> 问题：既然你已经知道了自己的目标，那么工作中的满足感对你来说是什么呢？
>
> 天赋养成计划：通过评估你利用目标的频率来衡量你的影响力。

当我在第一资本集团工作时，我和同事们经常说："我们不是在拯救生命。"这就是我们没有把工作的影响力与个人的感受联系起来的表现。除了给人们办理信用卡，我不清楚自己每天做的事情是如何影响其他人的。我当时二十多岁，以取得成就为驱动力，通过我的工作获得满足感似乎不是一个现实的目标。

这并不是说信托公司不会产生影响力。信托公司通过提供金融产品，从而刺激人们消费，这是一件非常有力量的事情，但这并不是我在个人层面上所关心的事情。现在我知道，问题不在于我自身或我的工作，我只是不太适合这份工作。这份工作对我无法产生任何影响，它与我的目标没有任何关系。虽然并不是每个人都能拯救生命，但每个人都应该感到自己的工作是有意义的。事实上，这对于取得较高水平的成功至关重要。我如果当时明白这个道理，或许就会想出一种更有战略性的方法，利用我的天赋和目标，在公司里找到一份更适合我的工作。

内在动机与外在动机

内在动机是指当你参与一项活动时，内心有想把它做好的欲望。在工作中这样的情况有：

- 自发地去做一项工作，因为它可以使你运用天赋。
- 制作PPT，帮助同事理解你感兴趣的难懂的概念。
- 升职是因为工作让你兴奋。

而外在动机是指我们仅仅为了获得奖励或逃避惩罚而去参与某项活动。在工作中这样的情况有：

- 完成一个项目，以取悦你的经理。
- 努力工作，及时达成协议，以获得奖金。
- 为了加薪而升职。

当我在谷歌工作时，我完全缺乏内在动机。我总是试图向经理和自己证明我的价值。当你觉得自己的工作没有动力时，你必须用意志力来培养你的动力。不幸的是，外在动机是现在的人们在工作中最常见的激励方式。每天清晨，我们刚睡醒就不得不从床上挣扎着起来，到淋浴间洗漱，然后去开车、等地铁或公交车。每天上班都是如此。这种模式会让人产生压力、焦虑不已。

有些人会说，工作就是这样的，不要指望从床上跳起来是因为你迫不及待地想去工作。现在我要告诉你：那些人错了。我不认为我们必须这样生活，事实上，许多人认同我的这个观点。如果可以选择的话，大多数人都希望在积极的、充实的、可以得到成长的环境中工作。正如你在上一章中了解的那样，将工作与你的目标联系起来是一种真正的进步。这一点尤其适用于千禧一代①。根据"恩索世界价值指数"（Enso's World Value Index）的调查，68%的千禧一代表示，让世界发生一点点变化是他们积极追求的个人目标。千禧一代更看重的是工作经历而非物质条件，所以他们更注重目标和影响力而不是利益。这一点不足为奇。

目标和影响力是你前进的动力，让你早上起床后有无限的动力和精力去做你的工作。正如亚当·格兰特想要表达的那样，如果你知道自己的影响力，你的绩效就会提高。知道对你而言意义非凡的影响力不仅会提高你的绩效，还会把你和你的目标联系起来。

在团队中，婴儿潮一代②、X世代③比千禧一代更容易忽视将工

---

① 千禧一代：Millennials，指出生于20世纪时未成年，在跨入21世纪（即2000年）以后达到成年年龄的一代人。
② 婴儿潮一代：Baby Boomers，指各国在生育高峰期出生的人。在美国，"婴儿潮一代"是指1946—1964年出生的人。
③ X世代：Gen X，在美国，指1965—1980年出生的人。

作与目标联系起来的内在愿望。这就是办公室中年轻一代和年长一代经常发生冲突的原因之一。婴儿潮一代认为年轻一代是自我放纵的一代，他们不理解千禧一代把工作和目标联系起来的内在愿望。

同时，千禧一代将婴儿潮一代视为利益至上者，一味地追求利益而不是目标。《纽约时报》曾将X世代称为"脾气暴躁的中产阶级"。X世代可能想拥有成就感，但他们不认为自己在中年时期可以奢侈地追求成就感。

商业世界千变万化，千禧一代的态度似乎是对未来的态度。把工作和目标联系起来是我们所有人都应该做的，不应该舍弃。我们不能等到退休后再考虑这样做，即便对于老一辈人来说，退休也不会很快到来。现在，人们的寿命越来越长，生活成本更高，远高于社会保障的能力。你如果想在六十多岁后继续工作，就需要热爱你正在做的事情，这就是为什么了解你的目标和影响力是至关重要的。

通过评估你利用目标的频率来衡量你的影响力

你一旦明白自己的目标是什么，以及你想如何影响别人，就要开始评估你如何在工作中利用它。

第一步：确定你的目标是否与公司或组织的使命和价值观一致。解决这个问题的方法是看他们关于使命和价值观的声明，看他们如何表达他们希望对客户产生的影响。

第二步：看看你能不能将你的目标与公司的使命达成一致。如果是这样的话，公司的某些方面很可能会为你提供内在的动力。你如果正在一家新公司面试，可以向面试官询问具体情况，以确定他们的日常工作是否与公司的使命相一致。不幸的是，许多公司宣传的使命和价值观只不过是装点门面而已。你要确认公司的发展方向是否与宣传的使命一致。

企业逐渐意识到，要想吸引优秀人才，必须明确自己的使命和存在的目的。这种价值观和动机的透明性使你更容易选到合适的公司，将自己的目标与具有前瞻性的公司联系起来。虽然与某一家公司的使命相契合并不能保证你在工作中会感到快乐，但它可以帮助你了解公司正在产生的影响，并确保你能够与之建立个人联系。

例如，微软公司的使命是"让地球上的每一个人和每一个组织都能取得更多成就"。2014年，当萨提亚·纳德拉成为微软公司的首席执行官时，他把制定新的使命作为他的首要任务。2015年6月，他向全公司发送了一封电子邮件，强调了这一使命的重要性。他写道："今天，我想更多地分享我们的使命、世界观、战略、文化与整体大环境之间的联系……我们的使命是让地球上的每一个人和每一个组织都能取得更多成就。这一使命是雄心勃勃的，也是我们的客户深切关注的核心。"

我喜欢这句话，因为纳德拉很清楚是什么推动了微软的发展，这让当前和未来的员工很容易看到他们该如何将自己的目标与公司的使命联系起来。如果微软公司决心帮助个人和组织取得更多成就，那么每位员工都可以根据个人目标来思考他们该如何为公司完成这一使命做出贡献。

最大限度地发挥你的影响力

了解你的目标和你所产生的影响之间的关系，会激发你的内在动机。当你对工作充满动力时，你就会有足够的精力去做你原以为不可能做到的事情。然而，许多人仍然认为目标只是一种美好的愿景，而不是职业生涯中必不可少的方面。为了让事情变得更简单，可以试试以下简单的方法来评估你在组织中的影响力。

方法一：你可以通过仔细观察与你共事的人来评估你的影响力。根据你的工作任务不同，这些人可能是你的同事、下属（如果你是经理的话）或客户。你可以利用"业绩追踪器"找出你影响周围人的所有方式，在每周的反馈中寻找规律，看一下你是否存在一种持续的影响力，一直在给公司带来某种积极的改变；或者你周围的人是否受你的影响做出反应或改变他们的行为。

令人惊讶的是，我们有时并不知道自己对他人已经产生了影响。我有一位朋友，直到他离开公司，他才意识到自己的影响力有多大。他的目标是帮助别人达成良好的合作。这项工作对他来说非常有意义，他一直以这种方式帮助他人。他总是强调，要确保团队中的每个人都能有效地工作，他经常被请去帮助其他团队解决内部冲突。每个人都很清楚，他对其他人产生了积极的影响，但他并没有意识到自己的影响力有多大。他离开公司后，收到了同事发来的数十封电子邮件，他们都分享了与他共事的乐趣，以及他们所感受到的他的强大影响力。在那一刻，他感到不知所措。想象一下，他如果能早点儿意识到自己的影响力，就可能每天都享受到那种满足感。这就是确定目标的重要性，你可以利用其产生某种持续的影响力。

方法二：利用"业绩追踪器"记录你在工作中感到满足的时刻。当你注意到自己对工作感到兴奋时，你不妨停顿一下，仔细分析一下你在那一刻所产生的影响。对你来说影响深远的是什么？

制定一个可以让你最大限度地运用自己天赋的策略

你能否发挥你的天赋，并产生与你当前的工作目标相关的影响？

_____

_____

_____

你认为哪些项目或工作与你的天赋相匹配？

_____

_____

_____

你目前岗位的主要业务目标是什么？公司本季度和本年度的业务目标是什么？

_____

_____

_____

你如何将自己的天赋与公司或团队的业务目标联系起来?
_____
_____
_____

公司的使命是什么?
_____
_____
_____

这项使命与你的个人目标有什么联系?写一份个人使命声明,把你的个人目标和公司的使命联系起来。
_____
_____
_____

个人影响力如何提升整个团队的工作效率

海莉年仅三十五岁,已经是一家知名互联网公司最年轻的销售副总裁。她虽然热爱公司,但总觉得缺少了一些东西。她喜欢她的工作,但并不热爱这份工作,她不知道自己为什么在工作中没有更大的动力去尽自己最大的努力。她对自己的管理能力很有信心,但与她所在部门的另一个团队相比,她觉得自己团队中的三位直接下属表现欠佳。这尤其令海莉感到沮丧，因为她的野心很大，而且自认为管理员工是她的强项之一。她的工作效率高得惊人，她可以在短时间内完成很多工作，这足以让她脱颖而出。

上学的时候，她努力学习，但成绩平平。虽然没有医生的诊断，但她认为自己有学习障碍，因为无论她多么努力工作，都难以完全理解完成工作所需的信息。随着年龄的增长，她意识到自己比其他人需要更多的时间来处理信息。她的考试成绩一直很差，每一科的成绩都是C。她觉得自己无法完全掌握信息，这是她的核心情感挑战。

学习成绩不好，的确让她感到沮丧，但是她从来不觉得自己会因此无法成功。在家里，她没有因为成绩不佳而受到惩罚，她的父母非常支持她。他们经常告诉她，她是整个街区最聪明的孩子，并告诉她每个人的聪明才智是不一样的，这有助于海莉建立自信。她的父母认为，教育体制简单地通过分数就把她定义为差学生是极其不合理的。

我在很多客户身上看到了同样的核心情感挑战。他们在学校表现不好，现在把工作中的失败归咎于自己不够聪明或没有价值。小时候，如果不断有人说你不够优秀，就会影响你对自己的能力的认知。再来看看海莉的做法，她通过培养活泼的个性、建立严格的职业操守和提升工作效率来弥补学习能力的不足。她是一位精力充沛、效率很高的领导者，工作能力毋庸置疑，却经常被从一个团队调到另一个团队，因为她的下属抱怨他们跟不上她的节奏。事实上，由于她的节奏太快，她有时无法向下属充分解释项目的范围，从而令他们感到困惑、缺乏动力。她的快节奏被她视为一种优势，但有时她的同事会质疑她的判断力，因为她做出决定时往往没有充分考虑潜在的可能海莉的天赋在于她能跳出常规来思考，并找到解决方案，以更好地完成工作任务。我们决定称她为"改进策略师"。很明显，她的目标是帮助别人理解手头的任务，因为她会做很多工作，以防别人觉得没有足够的信息来完成工作。海莉告诉我，当她帮助别人理解工作内容和他们自己时，她就会感到满足。我向她解释说，要有意识地确立目标，这样才能让她在工作中体验到更多的成就感。这就需要她放慢脚步，向团队成员讲清楚她对团队的要求，以便其他成员能够充分理解手头的任务。

我让海莉用"业绩追踪器"记录她利用天赋和目标的频率，并且特别注意影响力的问题。在对自己影响力进行跟踪的几个星期内，她看到，她一旦慢下来，就能帮助她的团队更好地理解任务。这样的话，她就可以花时间给团队成员更新信息，以确保他们清楚她的期望是什么。同时，她还跟踪分析了自己花时间更好地了解团队的频率，并与团队成员分享了"业绩追踪器"，以便他们了解自己及其工作习惯。"业绩追踪器"帮助海莉意识到，她非常在意她的影响力，但她的行为常常使其影响力减弱。明白了这一点之后，她豁然开朗。为了实现自己的目标，她改变了快节奏的工作风格。这样一来，她不仅让人觉得她有能力发挥作用，而且有效地向别人提供了成功所需的信息。很明显，她快节奏的工作风格并不利于她充分获得满足感。

通过每周花时间跟踪自己的影响力，海莉发现之前自认为是强项之一的高效率，实则阻碍了她充分发挥自己的影响力。当她放慢速度时，她可以注意到团队中更多的细节，并获得更多满足感，因为团队成员完全理解她的方向，所以工作表现会更好。

"业绩追踪器"显示出海莉身上不好的习惯阻碍了她发挥影响力。我向她解释说，大多数人都不会注意到他们会如何影响别人，一旦注意到这一点，就可能会收获意料之外的满足感。海莉成功地发现了以前没有注意到的具体的工作问题。

海莉很自律，连续好几个月用"业绩追踪器"记录自己的工作情况，很快养成了天赋，并且长期坚持下来。她现在告诉我，她几乎可以无意识地追踪她的影响力，这使她在工作中的满足感进一步增强。她的事例可以成为正念的佐证，正念可以让一个人认清自己，所以她注意到自己的工作进度太快了，然后有意识地慢了下来。总的来说，她有效地运用了自己的天赋，变得更富有创造力，对自己的工作更满意了。随着意识日益增强，海莉得到了越来越多的来自经理的积极反馈。她离升职的目标越来越近了。

进入天赋地带，将天赋与影响力合二为一

进入天赋地带对于每个人来说都是有可能的，我保证，这会使工作更令人兴奋。在理想的情况下，你会在工作中运用你的天赋。你需要有策略地找到能让你运用自己的天赋的工作，然后通过"业绩追踪器"监测你的影响，以验证你正在实现的目标。

我喜欢这样描述它：当你能够同时运用你的大脑和内心时，你就处于天赋地带。你的天赋来自完成这项工作所需的智慧与技能，而你的目标能够产生真正驱动你前进的影响力。当你在天赋地带工作时，你就会感到满足：你正在产生对你有意义的影响力，甚至你觉得你

的工作就是你的使命。当我的客户处于他们的天赋地带时，他们称这种感觉为"所向披靡"。他们能比预期更快地实现自己的职业愿景。他们不再因工作而感到精疲力竭，而会对自己正在做的事情感到兴奋，不断地创造出令人兴奋的机会来解决问题。他们热爱自己的工作，很有成就感。

想要百分之百地在天赋地带工作是不现实的，但如果你有意为之，积极主动，你就可以在日常工作中经常运用你的天赋。使用"业绩追踪器"是一种很好的方式，它可以帮你判断你是否正在积极地创造适合自己的机会，如果没有，它可以让你快速地纠正方向。

我努力确保每周70%的工作时间都花在与我的天赋一致的工作上，另外30%的时间用来做我必须做的工作，我知道这些工作没有任何挑战性，不会产生让我满意的影响力。对我来说，天赋地带以外的工作可能是一些琐碎的事情，比如编辑我写过的文章或进行财务统计。这算不上很糟糕的工作，虽然它们不能让我运用自己的天赋，与实现我的目标没有直接关系，但我知道我必须这样做。

运用天赋将事业提升到更高的水平

当安波第一次来找我的时候，她对她的工作感到很矛盾。她在一家营销战略咨询公司工作，很喜欢和她一起工作的人。她也很喜欢这份工作，但经常觉得压力很大。每当接到一个新项目时，首席执行官就会按照他认为合适的方式将项目分配给团队成员，通常不会问他们的个人意愿，不会问他们是否想要做这些项目，也不会问他们是否有空。她认为她的成就感并没有达到应有的水平，她应该并且可以在工作中获得更多成就感，只是不知道应该从哪里开始。

我称安波为"创新流程策略师"。她理想的思维方式是创建一个结构化的流程来解决许多复杂的问题。例如，她主动创建了一个跟踪客户的系统，因为这样做很有趣。她还创建了具体的营销流程，利用数据分析瞄准潜在的客户。对她来说，创建这些流程改进了整个企业的运作方式，也给她带来了纯粹的快乐。

安波的目标是帮助个人和企业通过认清自身来发现其潜力。她的核心情感挑战是没有充分地认清自己。安波告诉我，她的家人仍然对她的衣着、长相和举止评头论足。她的家人无法接受她表达自己个性的方式，并不断地要求她改变。她非但没有觉得自己的行为是叛逆的，反而觉得自己做得不够。因此，当她帮助别人认清自己时，她就会感到很有成就感。作为一个与类似的核心情感挑战做斗争的人，我与她产生了共鸣。

对于安波来说，弄清自己的核心情感挑战就是把自己真正解放出来。这立刻使她信心倍增，因为她不仅觉得认清了自己，还认为这会提高她的业绩。她开始努力帮助客户发现他们的潜力，这有助于他们树立更大的目标，同时增强了安波的动机和使命感。

我向她指出，首席执行官就是利用了她在工作中不善于将自己的超负荷对他人倾诉的特点来给她分配任务的。首席执行官不只对她这样，对其他人也如此。安波感到不安，她不知道该如何把这个问题告诉首席执行官。安波有一种习惯，她不会拒绝别人。由于疲于应付交给她的每一项任务，她最终会被一些无聊的工作淹没，或者无法发挥自己的优势。明白了自己的天赋和目标后，她懂得了拒绝。她开始委婉地拒绝那些与她的天赋不符的任务。因为她对自己最有效的工作方式进行了很多思考，所以她能够解释为什么某些项目分配给其他团队成员会更好。只有这样，首席执行官才能为了让她充分运用她的天赋而给她分配匹配的项目。她的工作业绩很快印证了这一点。

安波并没有就此止步。在确定自己的天赋的几个月后，她决定创立自己的营销咨询公司，重新调整了她的职业愿景和人生目标，并开始实现它们。她成了一名企业家，并热爱自己的事业。直到有一天，一位客户给她提供了一份全职工作，她接受了这份工作。安波之所以放弃经营自己的企业，为别人工作，是因为这份工作与她的天赋完全匹配，而且会把她的事业提升到更高的水平。她最近告诉我，这份新工作完全就是她所希望的，她已经在用崇高的目标重新规划自己的职业生涯。很好地认清自己后，她正在以超出她想象的速度实现她的目标。

把在天赋地带工作的习惯带回家

你也可以在工作之外运用你的天赋。事实上，你可以把它运用到你生活的各个方面。了解你的天赋会影响你对每件事和每个人的看法和反应方式，因为它能够让你通过一个特定的视角来观察自己的生活。这个视角着重反映你在不同情况下所产生的作用。当你认清自己之后，你就可以做出更好的决定。不管是应对人际关系中的挑战，还是投身于业余爱好，只要你积极地参与其中，你就会惊讶地发现，在办公室之外，这种有意识地运用你的天赋、应对你的核心情感挑战和跟踪分析你的行为方式的方法，可以对你产生积极的作用。如果你的工作不能如你所愿让你充分运用你的天赋，那么把这种习惯带回家也是一种很好的方法。你可以通过练习这种技能，为你在工作中更多地运用它做好准备。

想想如何把这种习惯带到你的日常生活中吧。它将如何影响你的私人关系？你能用它来提高你的参与度吗？在我的日常生活中，我用"业绩追踪器"来记录我和爱人之间的日常互动，这样我就能够确保我们的相处模式发挥我想要的作用。了解你的天赋，并养成让它经常影响你的行为方式的习惯，这样就可以让你在生活的方方面面拥有更多的快乐时刻。

任何人都有目标和影响力

每天都会有人问"我的目标是什么"，大多数人都在尽心竭力地寻找自己的目标。我在Facebook[①]上看过很多成功人士分享的个人经验，但当我们把这些人的成功经验运用于自己的现实生活中时，我们就会发现这根本无用，甚至不知道该从何做起。本章的目的就是告诉你拥有自己的目标的重要性，并教会你一些实现目标的方法。下次当你读到"每个人都有自己的目标，你生活中真正有意义的事情就是尽快弄清你自己，并以最好的方式来尊重自己"这句话时，你不会仅仅

---

① Facebook：译为脸书，创立于美国的一款社交软件。

认为它只是想激励你，而应该有切身体会，因为你每天都在这样做。

你可能难以拥有这些成功人士所取得的非凡成就和名望，但你只要与你的天赋和目标保持一致，就有可能体验到与你的人生愿景和职业愿景一致的成功。

现在想想你的目标，我希望你对自己有一些有趣的见解，包括你的核心情感挑战。如果你已经意识到它了，那么你能看到它是如何影响你的工作的吗？更重要的是，你如何通过实现自己的目标对他人产生持久的影响力？以下是你需要考虑的几个问题：

· 到目前为止，你对他人有什么影响？你对此有何感想？

· 既然你已经知道了自己的目标，那么你将如何在日常生活中获得更多满足感呢？

· 你准备好把实现目标作为首要任务了吗？

接下来，你将了解到你必须具备的三个要素——愉悦感、正念和毅力，以便让你充分运用你的天赋，并实现你的职业目标。

愉悦感 第三部分

THE GENIUS HABIT

你如果能够专注于享受工作的过程,而不仅仅是简单地实现个人目标,就能从工作中获得更多,并感到更充实。享受这一过程的关键是在你的天赋地带工作,这也是你不断取得成功的关键,而且会取得超越你想象的更大成功。

第六章　不要再将成就感等同于快乐

> 问题：你是成就主义者吗？
>
> 天赋养成计划：专注于工作过程，而不是结果。

我们的教育体系与商业世界的文化脱节的原因之一是，学校除了敦促我们朝着目标努力，从不教我们如何自我激励或利用我们的内在动力。取而代之的是，我们被教导，我们要等待别人告诉我们该做什么，教授的知识是一成不变的。过去，这对于许多员工来说可能并不是什么大问题，因为那时商业世界与教育体系是合拍的：作为一个员工，会有人告诉你该做什么，如果你不理解工作任务，可以向你的经理寻求指导和帮助。这种思维方式同样适用于职业发展，你可以向更有知识的人寻求建议，并听从他们的指导。你一步一步地往上升，因为你知道，只要努力工作，坚持多年后，你就会晋升到最高层。

然而，在当今快速发展、竞争激烈的市场中，企业正在寻找与"循规蹈矩"完全不同的方法来解决问题，而我们的教育并没有为我们提供职场所需的技能，比如如何解决问题、积极主动地管理自己的工作，甚至规划我们的职业生涯。在企业的阶梯上，不再有缓慢的、按部就班的上升渠道。相反，如果你想取得成功，就必须依靠自己的激情和动力。你必须时刻在心中保持对工作的热忱，通过不断从事令你感到幸福和满足的富有创造性的工作，找到与你的天赋和目标相一致的工作。只有你自己才能创造你想要的生活和事业。

很明显，我们的生活和工作都处于一种以目标为导向、以成就为基础的环境里。在这样的环境里，他人会告诉我们，工作的满意度来自成功，就像你在学校取得好成绩或在运动场上获胜一样。但事情是这样的：虽然胜利是令人兴奋的，但它不过是一场短暂的胜利，昨天的胜利只能让你对工作的热情维持几天。当你的成就感消磨殆尽后，你会开始寻找另一个奋斗目标，只有这样，你才能再次体验到那种感觉。

你如果能够专注于享受工作的过程，而不仅仅是简单地实现个人目标，就能从工作中获得更多，并感到更充实。享受这一过程的关键是在你的天赋地带工作，这也是你不断取得成功的关键，而且会取得超越你想象的更大成功。

以沃伦·巴菲特（Warren Buffett）为例，他就是一个在天赋地带工作的成功人士。他非常喜欢经营伯克希尔·哈撒韦公司，以至于在他八十岁高龄的时候，短期内他还不打算退休。正如他所说，他的工作就像一场精彩的踢踏舞表演。巴菲特积累了那么多财富，却不太在意个人消费。这一事实清楚地表明，他热爱自己的工作过程，就像他热爱数十亿美元收入的结果一样。HBO[①]纪录片《成为沃伦·巴菲特》（*Becoming Warren Buffett*）中说，很明显，他创立了一个与他的天赋完美契合的企业。巴菲特痴迷于复利，所以我认为他的天赋与不断创造增长机会有关。他面临的挑战是进行投资，并尽快扩大投资规模，而复利是他的工具之一。这些都清楚地表明，他受到了他的工作的挑战，这样的挑战恰如其分。因此，他再快乐不过了。

还有一个著名的例子是关于罗杰·埃伯特（Roger Ebert）的，他成功地运用自己的天赋取得了令人难以置信的成功。他在关于他的纪录片《人生如戏》（*Life Itself*）中说，在与癌症抗争的日子里他坚持写作，谈到这里，他提到了他处于最佳状态。他说："当我写作的时候，我的癌症似乎就消失了，我和以前一样，平安无事。我成为我应该成为的样子。"在埃伯特的心目中，他所取得的许多非凡成就无法同他对写作的热爱相提并论。尽管他成了成功的影评人之一，但对他来说，他只是在做他喜欢做和擅长做的事情而已。这就是他不被成就感迷惑所得到的回报。

你如果没有发掘自己的天赋，不能享受工作的过程，就不能真正发挥你的潜力，你只是为了暂时的成就而活着。所以，我们要区分我们在天赋地带工作得到的快乐和需要应对的挑战，与过度追求成就所带来的快乐和需要应对的挑战。

[①] HBO：英文全称Home Box Office，一家总部位于美国纽约的有线电视网络媒体公司。

成就主义者

很多人都是"成就主义者",也可以将他们戏称为"成就瘾君子"。他们相信成功会让他们快乐,在他们看来,实现了一个目标就是取得成就的标志:达成协议,获得晋升,获得了一个有声望的职位等。他们总是把他们的兴奋保留在取得成就的那一刻,并努力完成达到这些时刻所需的工作。根据人们所追求的成就类型,可以把成就划分为周回报、月回报甚至几年才能取得的回报。其实,我们无法从这种工作中获得真正的快乐,许多人认为这并不是通往取得非凡成就的道路。

不可否认,有些成就主义者已经成功了(当然,这取决于你对成功的定义),获得了无法估量的财富。但我敢打赌,他们没有把健康和人际关系放在首位。有可能他们在生活的方方面面都受到了不同程度的影响,因为当你不喜欢工作的过程时,为了保持高水平的成就感,你就要在生活中承受很大的压力,需要付出巨大的努力。对我来说,这些成就是通过认清你的天赋和目标而获得的廉价回报。任何说"我的目标是赚更多的钱"的人都不了解动机的科学原理。

艾尔菲·科恩曾在《哈佛商业评论》(*Harvard Business Review*)中写道:"激励,心理学家称其为外在的激励,它不会改变我们行为背后的态度,也不会对任何价值或行动具有永久的推动力。激励只能暂时改变我们的行为。至于生产力方面,在过去的三十年中,至少有二十多项研究显示,那些期望通过完成任务获得奖励的人的表现不如那些根本不希望获得奖励的人。"

这样的说法似乎令人惊讶。当然，金钱是最明显的外在回报，是购买人们想要的和需要的东西所必需的。许多企业普遍采用这种物质奖励的方式去激励员工，这也是许多求贤若渴的公司采用的通过物质诱惑吸引新员工的方式。和硅谷的其他公司大同小异，谷歌公司尤其以免费福利闻名。当我在那里工作时，我很享受这种免费的福利。事实上，就是这样的待遇把我困在了一份并不适合我的工作中，若不是舍不得那些免费的福利，我也不会在那里工作那么久。可是，这些看起来很棒的待遇是否会激励我全力以赴地工作呢？答案是否定的。这就是物质奖励机制的问题：它会吸引你，却无法激励你。丹尼尔在《时代》（*Time*）杂志的一次采访中说："奖励只是激励人们获得更多的奖励，当奖励消失时，人们的动力就会消失。"当你想要的不是简单的体力劳动，而是创造性的工作或分析性的工作时，奖励可能会适得其反。

"成就瘾君子"往往把幸福感寄托在获得物质奖励上。你如果把幸福感捆绑在成就上，就必须不断努力去实现目标，但在工作中，这样做很快就会让人精疲力竭，难以持续。

我遇到的大多数热衷于成就的人都会认为，他们喜欢他们的工作，但当我进一步提问时，我发现他们真正喜欢的是实现目标，并不在乎工作的实际过程，更不用说运用他们的天赋和实现真正的目标了。这就是那么多看似成功的人都会感到压力很大、精疲力竭、睡眠不足的原因。当你不喜欢工作的过程时，你必须不断地用意志力强迫自己坚持下去（这会消耗你的精力），而不是被一种内在的期望驱动（这会让你精力充沛）。

糟糕的是，尽管压力如此大，但还是有很多人热衷于获得所谓的成就感而无法自拔。社交媒体使人们更容易落入这一陷阱。罗格斯大学心理学副教授毛里西奥·德尔加多（Mauricio Delgado）表示，当你在网上分享自己的某项成就时，你会受到两次多巴胺的刺激：一次来自成就本身，另一次来自与你的朋友分享的过程。

谈论具体事务上的成就比谈论广义上的成就更容易，因为这种成就是具体的，容易解释。可能有人对你说过："太棒了！这一周的工作感觉真棒！我喜欢我正在做的这个项目。"这句话再具体一点儿就是："这一周的工作感觉真棒！我做了一个报告，还带来了两个新客户。"问题是，并不是每周都能实现一个大目标。在工作中，取得显著成就的时候毕竟很少，那么在没有取得成就的大多数时候你该如何坚持下去呢？

我的回答是选择享受在最佳状态中工作的过程，而不是成为一个追逐成就感的奴隶。虽然每个人都能达成目标或有所成就，但不是每个人都会花时间去寻找真正令自己满足的工作，并找到深层次的动机。就像任何不健康的习惯都不会让你长期快乐一样，一味地为了追逐成就感而工作会压制你的潜能，同时可能会让你的生活变得痛苦。

当你克制自己对成就的欲望时，你就会像以前一样，每天面对工作时激情满满、无比兴奋。你一旦开始使用"业绩追踪器"，就会了解你对日常工作的感受，知道自己是享受还是痛苦。它也会帮助你了解你关注成就的频率。更重要的是，它帮你弄清了你的工作过程，以及你是否在运用你的天赋。通过纠正方向，并在日常工作中更多地运用你的天赋，你将发现享受工作的过程与不享受工作的过程的区别。

当然，取得成就总是很有趣的，但是当你在天赋地带工作时，你将享受到工作的其余乐趣，而不是把成就感当作快乐的唯一来源。

我是如何戒掉成就之瘾的

我承认，我原先是个"成就瘾君子"。在第一资本集团和谷歌找到工作是我早期的成就，我向自己证明，我可以在这个世界上取得成功，至少就成功的一般定义来说是这样的。在每一家公司工作期间，我所追求的成就是完成一个设定的目标，或者完成一个项目时得到的成就感。当时，我还没有确定自己的天赋，甚至连热爱自己的工作这样的念头都没有。尽管偶尔我也会因一时的激励而有短暂的快乐感觉，但更多的时候，我深陷疲惫、压力、挫折、沮丧中无法自拔。因为我压根儿不知道一切原本可以变得更好，我只是接受了对工作的这种感受，以为这就是最好的了。

直到我开始创立自己的事业，才体会到每天都热爱工作的滋味。现在我享受工作的过程，有时甚至比实现目标还要快乐。因为我的工作每天都能让我运用自己的天赋，并对我的目标产生影响，所以我动力十足，仿佛能感受到源源不断的力量，这种感受是我以前没有体验到的。因此，工作已经成为我的一部分，它不再是我在周五时匆忙结束的工作，我不再单纯地视其为一份工作，而将其视为一种使命。目标的实现告诉我，我脚下的路是正确的，但它并不能定义我的整个职业生涯，我也不会以其他方式定义它。

工作中持续的快乐

你可能会认为，在工作中感到快乐只不过是一种美好的愿景，但事实上，快乐可以让你变得非常强大，甚至是取得成功的关键。那些夜以继日工作的人，虽然薪酬待遇可能不差，但他们会怀疑快乐工作对于成功的重要性。我可以明确地告诉你，在缺乏快乐的心态下工作，最终会影响你的表现。事实证明，快乐是成功的重要因素。《快乐竞争力》（The Happiness Advantage）一书的作者曾说过，快乐的大脑运转性能更好、更有创造性、更善于解决问题。当人们感到高兴时，他们就会变得更有效率，就像我所指出的，在当今的商业环境中，快乐是不可或缺的。

致力于帮助员工获得更多快乐的公司会更成功。诺伊尔·尼尔森（Noelle Nelson）博士在《开心员工赚大钱》（Make More Money by Making Your Employees Happy）中说道："当员工觉得公司把他们的利益放在心上时，员工就会把公司的利益放在心上。"尼尔森引用了调查研究咨询公司杰克逊公司（The Jackson Organization）的一项研究。该研究表明，那些致力于提高员工价值感的公司，其股本和资产回报率是那些不这样做的公司的三倍多。

处于最佳状态可以让你享受工作的过程，享受你所做的事情，从而让你感到满足，变得更快乐。这样的感受会帮助你拥有更好的创意，当然，这也是沃伦·巴菲特取得巨大商业成功的基础。

消极的思想会影响你的表现

热衷于成就会让你置身于一种恶性循环中：如果你只想从实现一个目标中获得乐趣，你就必须实现这个目标，然后才能感到快乐。在这种情况下，你实际上为自己制造了一种具有威胁性的环境：每当你错过最后期限或没有达成目标时，你就会对自己深恶痛绝，认为自己是个失败者。波·布朗森（Po Bronson）、阿什利·梅里曼（Ashley Merryman）在《输赢心理学》（*Top Dog: The Science of Winning and Losing*）一书中说道："压力带来的威胁性环境会对你的表现产生负面影响。"他们的书中有一项研究最为出名。研究人员对普林斯顿大学的学生提出一系列GRE（美国研究生入学考试）问题。一半学生是在一种具有威胁性的环境中接受提问的，在他们看来，这些问题考查的是他们的能力，看他们是否够资格在普林斯顿大学求学；另一半学生虽然也面对同样的问题，但是在一种充满挑战的环境中，他们不断受到鼓励，并被告知只要尽力去答即可，这些问题并不是对他们某一种能力的考查。这个测试被命名为"智力大挑战"，那些问题则是"智力挑战问卷"。在威胁性的环境中，被测试者答对了72%的问题；而处于挑战性环境中的被测试者，他们的资质与另一组被测试者并无差异，却答对了90%的问题。处于挑战性环境中，你不会对结果感到担忧，所以你可以专注于尽力而为。由此可见，过度看重成就，会形成一种威胁，进而影响你的表现。

想想我们在工作中给自己制造威胁性环境的频率：我们会担心万一没有达到销售目标就可能被解雇；我们会想某次演讲中的表现可

能对自身的价值产生影响；我们会担心同事们的成功让我们看起来像失败者……我们认为，如果让自己时刻处于一种"忧患"意识中，我们会变得更加谨慎和深思熟虑，但事实正好相反，我们束缚了自己的表现。通过创建一种富有挑战性的工作环境，而非威胁性的环境，你可以帮助自己实现更多的目标。这样做的原理很简单，就像给自己一个心理空间去改变观点一样。

"金手铐"的诅咒

在现实生活中，很多人会因为迫使自己有所成就而不堪重负，他们认为这可能就是工作的感觉。如果你问他们，他们可能会说，虽然没有那么快乐，但自己并不打算去改变。他们相信，他们的消极情绪是为了自己享受富足的生活或期盼某种物质回报应该付出的代价。他们担心，一旦有所改变，就可能会失去工作保障，或者说失去消费快感的保障。这种虽然不喜欢但为了物质保障而工作的行为通常被称为"金手铐"。我认为，它同样适用于描述一切害怕失去安全感的行为，在这个过程中，人们所承受的恐惧远比通过改变获得可能的快乐要强烈。我亲身经历过这种感受。当我不喜欢工作的时候，似乎我用薪酬买到的物质比工作本身更重要；但当我转而从事现在的工作时，物质这种有形的东西就没那么重要了。就在那时，我明白了自己过去只是把快乐寄托在我能买到的东西上，而非我的工作上。现在，我已经全身心地投入能够对他人产生巨大影响的工作中，每天都富有挑战性，我不再需要通过买东西来获取快乐了。

成就主义者——塔比瑟

我的客户塔比瑟是一个成就主义者,她的工作处于典型的威胁性环境中。她是销售员,每个季度末,她都会承受巨大的压力,因为一旦她没有达到预期的销售目标,她和整个团队很可能就会被定义为绩效不合格,下个季度的压力就会更大。她并不害怕因无法达到销售目标而被解雇,但如果这种不合格的表现成为常态,就会给她的升职甚至留职带来压力。塔比瑟过于在乎这些定义自己能力的数字了,她经常整宿睡不着,感到很焦虑。

当我第一次见到塔比瑟时,我向她解释了她的身体怎么了。压力增加会导致皮质醇分泌失衡,产生过多的皮质醇,血管会因此自然收缩,影响能力的正常发挥。它使你进入"战斗—逃跑—僵住"反应模式,这意味着你的思路不再清晰,并最终会影响个人水平的发挥。她的压力不仅来自销售指标这些繁杂的数字,还来自她没有发挥出自己的正常水平。她是如何应对这些压力的呢?那就是努力,努力,再努力,减少睡眠和休息时间,花费更多的时间在工作上。她仿佛是一颗定时炸弹,随时都可能爆炸。

我帮助塔比瑟意识到,她的压力和失眠源自她正在从事一份并不合适的工作。我解释说,销售领域是追逐成就感的高发区,但不排除有些人真心热爱销售。这些人之所以会这样,不是因为挂在前方的物质奖励,而是因为他们确实喜欢销售工作的过程,销售工作让他们能够运用自己的天赋,这才是这份工作的真正意义所在。他们的天赋在于与他人沟通并建立联系。真正优秀的销售员可以让自己的销售业绩不断迈上新台阶。

事实上，销售员这份工作的某一方面与塔比瑟的天赋完全匹配。我称她为"协作战略家"，这意味着当她把人们聚集在一起解决某个问题时，她感到很有挑战性。在销售过程中，她可以通过帮助新的和现有的客户解决一个特定的问题来建立联系。她觉得工作的这一部分很有挑战性。她的目标是在尊重客户意愿的基础上，提高对方的接受度。她经常将她的方法分享给她所在的团队。她原本以为，她能够通过帮助团队成员认知自我，让每位成员都能运用自己的天赋，从而获得她对团队的影响力。然而，销售团队的环境凸显了她的成就主义倾向，导致她成绩平平。虽然她擅长思考和解决问题，但环境并不适合她。

我们讨论了很多种方法，来帮她将天赋运用于她的销售领域和工作任务中。我认为她目前所在的部门不是最适合她的，因为高压力环境增加了她的焦虑，并降低了她享受工作的能力。我向她解释说，出色表现的前提之一是认知自己的天赋地带，并在这一地带工作，前提之二是在适当的环境中快乐地工作。如果可以在一家重视员工的公司里工作，那么一个部门不合适，换到另一个部门可以作为一种备用选择。我建议她，一份不涉及实现季度目标的工作对她来说可能更合适。我们还谈到了公司其他以项目为基础和以管理为重点的职位，这些职位会让她更快乐，更有利于她正常水平的发挥。最后，她决定继续目前的销售工作，同时开始认真地考虑更换部门。她知道，她所在的公司还有使她减轻压力的其他选择，后来真的有了可喜的结果。

你是一个成就主义者吗

回答以下问题,了解你对工作中的大部分时间的看法。

1. 你对工作的兴奋感主要来自你的目标,达成交易或完成任何与成就相关的事情,但取得这种成就的工作过程并不能让你感到快乐。

　　　　　　　　　　　　　　　　　　是〇　否〇

2. 你只有实现目标,才会觉得工作是有乐趣的。

　　　　　　　　　　　　　　　　　　是〇　否〇

3. 当你想到未来时,你会想到自己可以获得更多成就,而不是什么挑战性。　　　　　　　　　　　　是〇　否〇

4. 你经常对自己所做的工作感到厌烦。　是〇　否〇

5. 工作几乎不会带给你任何满足感或挑战性。

　　　　　　　　　　　　　　　　　　是〇　否〇

　　如果你对上述四到五个问题的回答是肯定的,那么你就是一个成就主义者。在某一刻,你会感到精疲力竭,因为完成目前的工作不会带给你任何挑战性。你可能会尝试依靠自己的意志力来激励自己,但这并不是一种最好的方式。

　　如果你对上述两到三个问题的回答是肯定的,那么你倾向于成就主义者。你可能喜欢工作的某些方面,但不喜欢其他方面。为了增强你的成就感,你要弄清自己是否有能力去接触工作中更多令人愉快的部分。如果你不能在目前的岗位上做到这一点,那么你是时候去寻找

另一份工作了。要主动采取行动来调整自己，这样你才能避免由于工作不适合自己而被解雇。

如果你对上述问题都是否定的回答或只有一个问题的答案是肯定的，那么你就不是一个成就主义者。这意味着你正在享受从工作中得到的多巴胺刺激。但你要认识到，目前多巴胺分泌的高水平只是暂时的，你喜欢的只是工作的某一方面，而不是全部。你只有在天赋地带积极地工作，才会享受实现目标的过程，这样的过程带给你的快乐不亚于实现目标。这才是真正理想的模式。请你继续下去吧！

从未在工作中找到乐趣的汤姆和凯特

汤姆和凯特是我的两位客户，他们都很有成就。他们虽然互不相识，但有很多共同之处。在旁观者看来，他们都是成功的。在各自的工作岗位上，他们都被认为是超级明星。

凯特是一家科技公司的高级执行官，汤姆则是一家小公司的总裁助理。他们都赚了很多钱，过着富足的生活，而且他们的事业还在不断攀升。尽管汤姆和凯特表面上取得了成功，但他们都不快乐。汤姆从来没有享受过在最佳状态中工作的过程，为此他感到深深的焦虑。他曾深信，他只要更努力地工作，就能在工作中找到快乐。凯特常常半夜醒来，就再也睡不着了，因为她在想第二天要做的每一件事。

当我问他们的工作内容是什么时，他们都提到了瞄准目标和达成目标。汤姆和凯特都很难理解在天赋地带工作的概念，他们习惯于认为工作满足感只与成就有关。

当汤姆和凯特找到我，让我帮助他们找到更多的职业满足感时，我告诉他们享受工作是有可能的，这涉及他们如何引导自己去工作。他们需要学会如何享受工作的过程而不是成就。我可以向他们展示如何做到这一点，但做出这种改变的选择取决于他们。

汤姆认为值得一试，因为他真的想要快乐。我们仔细研究了一下他的表现，看看能否让他的工作方向更加清晰。他能像享受实现目标一样享受工作的过程吗？虽然汤姆的意图是好的，但他不断地回到个人的目标上。他不断地自我加压，加大自己的工作量，对此他感到很无奈，但他认为只有这样做，才能保证自己领先于他人。对于汤姆来说，工作就应该是无趣的，这一观念在他心中根深蒂固，他无法接受这种在天赋地带工作的概念。他如果不努力，无法实现目标，就根本不相信自己会成功。他的压力仍然是个问题，他觉得自己无法改变。

凯特知道她所在的公司并不适合她，但她不愿意冒放弃这份工作的风险，因为这意味着她的收入可能会减少。尽管她使用了"业绩追踪器"来跟踪分析自己的情况，我也一直在帮她，但她还是选择继续这份令她沮丧的工作。每当她对工作表现出不满时，公司就会给她加薪。她对成就的倾向促使她继续从事这样一份采取不当奖励机制的工作，很显然，这份工作并不适合她。

汤姆和凯特的事例都说明了改变倾向于成就的习惯有多难，但这并不意味着你做不到，只不过需要努力和全新的思维方式。

我的另一位客户彼得不同于汤姆和凯特，他放下了他的成就倾向，专注于运用他的天赋。彼得是我的客户中有进取心和野心的人之一。他很有竞争力，上大学时，他就成了职业棒球运动员。当彼得和我第一次见面的时候，我就知道他会是一位完美的客户，因为他对发挥潜力的渴望与对成功的渴望同样强烈。

彼得来找我时，他认为他梦想的工作是一家小公司的首席执行官。他告诉我："这是我一直想要的，我想尽力把这份工作做好。"我开始参与他的工作，这样我就能够帮助他把他的天赋运用到他的日常工作中。但在几周后我们发现，将他的理想落实到实际工作中的只是他的成就倾向。我们意识到，作为一名首席执行官，他无法像自己想象的那样频繁地运用自己的天赋，因为他不能把大量的时间花在寻找销售渠道或投资方上，以此把公司的整体实力提升到更高的水平。他认为自己需要在一些并不擅长的业务领域下功夫。这样一来，他发现自己向往了那么久的工作，并不是自己所喜欢的。

彼得喜欢做生意，商场就是他运用自己天赋的完美舞台。基于此，我们使用了"业绩追踪器"，并将注意力集中于他对工作过程的享受上。我们不仅关注他每周做了多少笔交易，还关注他在做不喜欢的事情时所花的时间。我向彼得解释说，当他在天赋地带之外工作时，他就会趋于重视成就。我们发现，彼得80%的时间都花在管理与他的天赋不符的工作上，而且他的执行力有些弱。我努力改变他的想法，与其把时间花在那些不能使他发挥优势的领域中，还不如让其他人来专注于这些领域。作为一名领导者，他有权力授权给他人，他只是不认为自己应该这样做。我建议彼得努力花60%的时间在天赋地带工作，留出40%的时间来完成那些需要完成但不一定与他的优势相匹配的任务。这样他就能够避免减弱他的整体影响力。他之前把精力分散开，去管理每项任务，结果很多工作的表现并不是那么好。我从很多客户的亲身经历中发现，60∶40的分配组合是可控的，特别是对于那些以前把大部分时间花在与他们的天赋和目标不一致的工作上的人来说，这是一个巨大的进步。

你越早确定自己在哪里浪费了时间，就能越早做出改变，把你的工作转移到你的天赋地带内。管理好你的时间，而不是任凭你的日程摆布你，这样的做法本身就是领导力的体现。当你的精力分散于所有的任务时，你会感到精疲力竭，这样的你是没有领导力的。最有效率的领导者会发挥他们的优势，并把那些不利于发挥自己能力的工作委托给别人来做。这种领导风格也有利于让其他人发挥自己的优势，公司会因为拥有一位专注于自己长处的领导者而提升整体实力。那些试图管理企业方方面面的领导者，最终都要花费大量的时间和精力去寻找自己的领导力。

你如果没有能力处理目前的项目或任务，就尽力找到方法做出改变，从而更好地运用你的天赋。就像我在第三章中谈到的客户米兰达一样，一旦机会出现，你就可以拥有独特的视角。当你可以运用你的天赋时，你要大胆去干。

彼得决定改变他的角色，这样他才能更好地发挥作用。因为他是一位首席执行官，所以他有权力让别人做那些与他的天赋不符的工作，而且对于他想要专注的工作他有决定权。虽然大多数人都不是首席执行官级别的人，但我发现，无论每个人的水平如何，他们都比想象的更有能力管理自己的时间和工作。

现在，彼得大部分时间在促成一些交易，这些都是有助于提升公司整体实力的买卖。他专注于寻找那些可以给公司带来丰厚利润的客户。由于重新定位了自己的角色，彼得不再像之前那么紧张了，他变得更加热爱自己的工作，而且他能够实现他的目标。他发现工作是双赢的，他不但可以享受这一过程，还可以通过运用他的天赋来提升他的能力。

用愉悦感取代成就感

你自己就是一个成就主义者的现实可能令你难以接受，其实你的大多数同事可能都和你一样。这不是你的错，因为你在职场中接受了专注于目标和成就的训练。不过，你可以打破这种循环，开始专注于工作的过程，而不仅仅专注于结果。请你思考以下问题：

1. 你认为自己应该每天在工作中得到快乐吗？如果你认为自己没有能力找到喜欢的工作，或者你不应该得到快乐，或者对你来说快乐的工作是不存在的，那么请你重新认真思考一遍。消极的心态可能正阻碍你得到快乐。
2. 你能想起你是何时形成成就倾向的吗？

你无论是不是成就主义者，都有能力增强快乐的感受，它就像你专注于工作的过程一样简单。试着将自己和工作的成就区分开，问问自己：我喜欢在工作中完成不同任务的过程吗？

如果你的回答是否定的，那么天赋养成可能就是改变这一切的机会。事实上，不喜欢自己的工作过程就是让你使用"业绩追踪器"的时机。通过"业绩追踪器"的分析,你可以表现得更好,并弄清楚你要如何更多地运用你的天赋。

　　我希望你能够在工作中更好地了解自己,并意识到你从社会中学到的某些行为可能会影响你享受工作和取得成功的能力。接下来让我们一起看看,你从导师或他人那里得到的建议是否真的适合你的职业发展。

第七章　把导师暂时放在一边

问题：你是否依赖于他人为你做职业决策？

天赋养成计划：过滤建议并坚守你的天赋地带。

当我首次与客户们接触时，他们经常要求我给他们提供解决问题的方法。他们想要知道如何获得晋升，他们应该考虑什么样的工作机会，如何在公司里慢慢往上爬，或者如何实现他们的职业规划。我告诉他们，其实他们自己有能力回答这些问题，但他们总是持怀疑态度。他们的典型反应是："劳拉，这就是问题所在，我不知道该怎么做。"

我知道我们都有能力找到一条通向成功的道路。我也知道，很多人对他们目前的地位非常不满，即便路就在脚下，他们也看不到。我们已经习惯依赖他人来告诉我们该做什么，如何思考，以及成为什么样的人，特别是面对像制订职业规划这样的问题时，我们往往不知道该怎么去做。

由于这些根深蒂固的习惯，由他人帮助我们做出职业决定就不足为奇了。我们都急于向他人征求意见，即使心里知道这种意见可能是不对的，我们也会接受。事实上，你有太多可以在不合适的职位上待下去的借口，比如公司提供的薪水很高，公司的发展看起来不错等，这样的话，你会踏上和你父亲、哥哥、姐姐、朋友一样的道路。

现在我们不要再苦恼于他人的意见，是时候聆听自己内心的声音了。你的天赋和目标可以引导你做出最佳的决定，但前提是你要过滤掉这些外部的建议。

发掘你天生的能力，确定什么对于自己来说是正确的，然后确保你的决定与你的天赋和目标相一致，这是你在工作中不断体验到快乐和成功的关键。了解你自己，听从你的直觉，明确地做出决定，会给你带来心灵的平静和更有价值的东西。

你如果在选择职业道路时遇到困难，可以寻求建议或支持。在这一章，我将教你如何获取新的信息，给你提供一些建议，而不是给你路线图或任务。当你想寻求建议时，你应该向谁求助呢？让我们从你的导师开始。

我真的需要导师吗

职场中有一条近乎普遍的规则，那就是向导师或某个人定期征求关于职业方面的意见。有些人认为，如果没有导师，就可能会错过成功公式的关键部分。我不太相信这种逻辑。

让我们弄清楚导师是谁，他们在我们的职业发展中可能扮演着什么角色。导师通常是无偿的志愿者，他们支持你的事业。在大公里，这一角色可能由领导充当，让公司高管指导员工。

　　实际上，导师可以是任何人。他可能是同一领域的人，也可能是你工作中的第三方，还有可能是朋友的朋友或任何你认识的人。很多人可以轻松地开始自己的职业生涯，却不容易找到一位导师。当导师出现在你身边并给出建议时，你会感到不可思议。谁不想让一个有权势的人自愿抽出时间来帮助自己呢？如果奥普拉·温弗瑞愿意做我的导师，我一定会欢欣雀跃的。

　　我一直希望遇到一位真正的导师，也曾经努力寻找过，却没有找到。不过，有人会主动给予我一些帮助，但这种帮助是一次性的。在我职业生涯的不同阶段，我遇到过很多人，他们曾给予我有效的支持。他们的支持都是难能可贵的，我会心存感激。然而，我从来没有遇到过一位真正的导师，一个可以指导我多年的人。因此我明白，就像几乎所有的职业工具一样，拥有一位导师是件好事，但不是成功的必要条件。我的职业生涯并没有因为缺乏导师的长期指导而受到影响，同样，你也如此。

　　一些我采访过的人很大程度上把他们的成功归功于某位导师，他们认为这是取得成功的极其重要且必不可少的部分。如果没有遇到这样的导师，你也不必过分遗憾。如果你真的有幸找到了一个愿意担当你的导师的人，而且你认为他是一个完美的人选，那么你要带着感激之情来面对他。请记住，拥有一位导师并不能保证职业生涯的成功，这只是取得成功的工具，但如果使用得当，就会为你的职业生涯奠定坚实的基础。

如何让导师发挥作用

我曾经有机会与一位领英公司的导师一起工作。他所在的领英公司就像黏合剂，将导师与求助人有效地结合在一起。当某家公司寻求帮助时，领英公司会根据现实需要，匹配有意愿提供帮助的导师，并协调促进企业内部的员工与导师的关系。有一次，我需要一个在软件行业发展得很好的人为我在与某个软件公司建立长期伙伴关系方面提供一些帮助。当时，有一个具备相关经验的人和我是相匹配的。我们之间的话题非常集中，确定的帮助关系非常成功，话题的架构非常有条理，但这种关系只是暂时性的、短期的。当我得到需要的信息和帮助后，我们就分道扬镳了。我认为这种关系不是长期的，无法在职业生涯规划方面给我们建议。当然，我从这位短期的导师那里得到了我想要的建议，我很感激。

然而，我接触到的一些人对导师不太满意。对于一些人来说，在与导师的这段关系中，由谁主导，由谁构建愿景，这些都模糊不清。因此，导师的价值很难体现。另外一些人难以将导师的建议用于自己的实际工作中，这是因为导师给出的建议没有引起学员的共鸣，所以对方并没有执行。反过来，这又会减弱导师参与的积极性。其实这种关系需要双方默契配合，而且需要双方都对他们正在努力实现的目标抱有明确的期望。这段关系需要双赢，否则双方都会失去兴趣。

如何找到合适的导师

人们在对待与导师的关系时经常会迷失自我。当你寻求他人做你的导师时，你可以通过以下问题来确保他们适合你自身、你的天赋和你的职业目标。

1. 导师的背景是什么？他的经验是如何影响你的？除非导师是受过训练的职业教练，否则他们给出的建议可能只是他们自己的经验，或许不适用于你的情况。

2. 他们给出的建议客观吗？在理想的情况下，导师是那些不受你的决定影响的人，他们能给出重要的建议。如果导师是你全家人的朋友，那么他们的建议可能更有利于你的整个家庭，而不是只适合你。

3. 你和导师之间的关系是长期的吗？有确切的结束时间吗？首先要确定你的导师是不是自愿的，然后确认一下你们之间的帮助关系的时长，这样你才会珍惜你们共处的时光，而不是纯粹利用这段关系。

4. 你与导师是双赢的吗？要确保双方都清楚自己的意图，确保每一个参与者都能从彼此共度的时光中得到一些积极的东西。导师一般会在自身经验的基础上提供帮助，所以你要注意他们采取某种工作方式的原因。

5. 你的目标是什么？作为接受帮助的对象，你要跟导师说清楚你的目标是什么及你需要他们做什么。特别是当你的导师是个行事高调、果决有力、经验丰富的人时，讲清楚你的目标尤为重要。明确你的目标将确保导师的帮助富有成效，并帮助你避免因中途需要改变方向而感到尴尬。

最后说一下教练和导师的不同。教练是通过提供结构化的流程来帮你实现你的目标，并带领你完成一次体验的人，提供的是有偿服务；而导师为了达成你想要的结果，需要时刻参与制定策略，通常是自愿的、无偿的。

建议与支持的区别

我发现，一般情况下，对别人的职业生涯起作用的建议对你可能不起作用。为了让同样的策略为你所用并能够产生同样的效果，你必须是和导师相似的人，拥有相似的天赋、相似的人格和相似的职业愿景。在我的经验中，这种情况很少见。

一位好的导师可能会给出建议，而一位大师级的导师更像一名为你提供支持的教练：他们会花时间研究你，并根据你的生活和职业的情况提供深思熟虑的指导。问题是，担任领导职务的人大多没有时间、精力或专业知识来为你提供这种支持。相反，他们会提供一些一般性的建议，比如这样："嘿，这就是我所做的，结果不错。你也应该这样做。"

在很多情况下，寻求职业建议就像被要求约会一样。别人也是好意，看到两个单身的人就会想：他是单身，你也是单身，你们就见见面吧。可问题是，他们只考虑了你们俩身上的共同点，即都是单身，对其他方面却考虑不足。同样，你可能会发现，提供善意的职业建议的人或许无法脱离大环境去看待你的特殊情况。不幸的是，对于某一行业、公司或个人有效的建议或方法，可能并不适用于另一行业、公司或个人。事实上，各行各业没有共通的方法。

拒绝按照他人给出的建议行事是非常困难的，特别是你所钦佩的人给予你的建议。当你所尊敬的人建议你做某件事时，你很容易认为自己必须听从他的指导，即使冒险也要照做。你一定要运用自己的天赋去判定他人的建议正确与否。你如果感觉某个建议不适合自己，就不要采纳，即便这个建议是奥普拉·温弗瑞提出的。

我收到一些并不太令我兴奋的建议，但还是听从了，因为给出建议的人是成功人士。我一旦开始用自己的天赋和目标来做决定时，就会发现我做出的选择是独一无二的，看来我并不需要任何人的建议就能做出决定。比如，为了更快地创业，与其他人合作通常被认为是最好的选择。但这些年来，我发现找到一个能与我的天赋和工作风格都合拍的伙伴很难。我喜欢果敢决绝、高效快捷的行事风格，但这种工作方式并不适用于所有人。在采取行动之前，我必须与他人一起做出决定，这似乎效率很低，一想到这一点，我就会感到沮丧。因此，我总是拒绝与他人合作的建议，因为我认为这是个糟糕的建议。

然而，我与Better Works公司缔结的伙伴关系是有价值的和互补的。Better Works是一家软件公司，致力于开发绩效管理辅助软件。这家公司擅长采用与绩效相关的概念，比如目标设定、开启对话、常态化反馈等，并创建有利于企业发展的解决方案，这些解决方案可以使他们开发的软件在任何规模的企业中使用起来都简单而快捷。当他们找我合作时，我很不乐意。但在合作过程中，我向他们的产品团队提供了与激励员工运用天赋相关的产品方面的专业支持，并担任他们的人力资源咨询委员会的联合主席。这是一种很好的合作伙伴关系，因为我们都把自身的优势带到了合作层面上。最重要的是，我们保持了类似的高效工作方式。因为在合作之前，我就评估了这种伙伴关系的潜力，并确保这种合作对双方都是有益的，所以不太接纳建议的我，基于此做出了例外决定。虽然之前我拒绝了很多合作提议，其中不乏来自我认识并尊敬的人，但这一次的决定对我的职业生涯非常有益。

建议很好，但支持是必要的

我认为征求意见固然不错，但你真正想要的是支持。提供支持的人仍然允许你自己做出决定，而不是把他们的答案交给你。一个支持你的人永远不会告诉你该做什么，或者说"如果你想要这样，就必须先那样"。一位教练、治疗师或某一领域的专家可能是很好的支持者，因为他们会花时间了解你，并利用了解到的信息帮助你做出正确的决定。

支持可以来自你的导师或家庭成员，也可以来自那些正在应对与你面对的类似挑战的朋友。我永远不会忘记，在我创业的时候，我的朋友戴娜和卡罗尔给予我的支持。她们分别创办了自己的小型企业，我们每周都会一起喝咖啡，讨论我们所面临的挑战和机遇。我没有向她们寻求建议，我们都很清楚，我们需要的是彼此的反馈。与她们分享我的想法，听取她们的反馈，整个过程就像建立我的企业一样令我无比兴奋。正因为如此，直到现在我们都是很好的朋友。在理想的情况下，支持应该来自以下这样的人：

- 他愿意花时间去了解你，了解你的天赋，对你来说什么是重要的。
- 他不会给你一种固化的模式来让你遵循。
- 他更多的是倾听而不是言说。
- 他会鼓励你听从你的直觉。
- 即使你不按照他给出的建议去做，他也不会生气。相反，他会鼓励你从他的建议中提取你想要的，而忽略那些不太适合你的东西。
- 他具有前瞻性的思考能力，并坚信世界是千变万化的，所以他明白，自己五年甚至十年前的经验放在今天可能并不好使。
- 他不会采用一刀切的方法，而是就事论事。

在征求意见或寻求支持时要保持警惕

有的建议过于消极，比如"几乎没有人在你想要做的事情上取得成功""竞争真的很激烈""这与我无关"，听到这些建议，请记得忽略它们。大多数独特的想法都来自竞争的环境中。你必须记住，如果挑战是适合你的，你就要做到最好。

有人认为自己是某一行业的专家，从来不会把你的个体性放在优先考虑的范畴，那么你就要小心行事。虽然他们的建议可能是有价值的，但你要记住，这些建议只在他们身上奏效。在接纳它们之前，你需要确认它们正确与否。

过滤掉一些建议的最好方式，就是通过你的天赋和目标来审视它们。这样可以帮助你很容易分辨出哪些建议是与你自身完美契合的。你如果分辨出某些建议不适合你，就没必要再接受它们了。

以下这些问题指向你的天赋，请作答：

- 这个建议对我来说是对的吗？
- 这个建议是否足够令我兴奋或给予我适度的挑战性呢？我是否真的想接受它呢？
- 这个建议适用于我的天赋吗？

以下这些问题指向你的目标，请作答：

- 这个建议能否产生与我的目标相一致的影响力呢？
- 这个建议与我的目标矛盾吗？

谨慎对待家人的建议

谨慎地对待他人给出的职业建议。每个人都认为自己是职场行家，当你的父母或其他家庭成员评论你的职业发展时，这一点可能尤为显著。他们通常假设，如果他们的建议奏效了，那是他们的孩子理应如此。这种想法的问题在于，父母很难对他们的孩子保持完全客观的态度，因为他们非常关心和爱护自己的孩子。另外，孩子和父母之间存在代沟，而且商场上的形势是瞬息万变的。除非父母正在职场辛苦打拼，否则他们很可能无法跟上当今职场的发展步伐，或者无法解读其子女面临的挑战和机遇。

我哥哥曾告诉我，如果没有MBA（工商管理硕士）学位，我就不能创业。虽然获得MBA学位对一些人来说是个好主意，但对我来说，它并不是正确的选择。获得MBA学位无法让我感到兴奋。这个建议绝非看起来那么简单，坦率地说，光是听到这个建议就已经让我崩溃了。我有很多企业家朋友，他们都没有MBA学位，所以我知道获得MBA学位并不重要。我的哥哥却对此非常坚持，以至于有段时间，我真的相信如果没有MBA学位，我就没有创业的资格。非常庆幸，我最终没有选择去攻读MBA学位。我对于创建业绩评估的方法更感兴趣，对此我已经迫不及待了。我认为自己在商界已经拥有足够的经验来支撑我独立经营一家企业，我决定遵从自己的感觉，跳过起步阶段，不去学校攻读一个根本没有希望拿到的学位。

我确实制订出一个计划，让我可以毫不犹豫地投入我的创业中，担负起自己的责任。我没有采纳我哥哥的建议，而是把MBA学位放在一边，因为攻读学位的费用会增加我的成本，本来那个时候我的收入就捉襟见肘。如果我的企业到那时还没有可观的收入来支付MBA课程的费用，那么我不得不另找份工作。但我很庆幸地告诉大家，这样的事情最终没有发生。

"取得好成绩，上大学，找工作"并不适用于每个人

我们依赖他人的建议并不只是从工作时才开始的：当我们需要

决定是否上大学时，我们很可能已经开始依赖他人的建议了。这或许是我们有生以来第一次听取他人的建议，并将这条建议奉为信条。现在，让我们重新考虑一下这条建议，看看它是否对我们的天赋有用。

过去我们认为大学是成功的敲门砖，如果想成功就业，至少需要一个学士学位。虽然有些公司只招聘大学毕业生，但如今越来越多的公司重视申请人的全部经历。如果你的目标是成为一名律师、医生或专业服务人员，那么你必须获得学士学位。如果你想在一家大公司工作，并以自己的方式晋升为一名经理，你可能需要一个学士学位。但如果你想风靡世界，创建自己的公司，独立开发软件，或者成为一名自由职业者，你可能并不需要四年的大学经历。

但问题是，一些不上大学的人认为自己不够好，找不到他们想要的工作。他们对于自己没有接受过高等教育或从事社会地位不高的职业感到尴尬。幸运的是，随着各种信息的不断涌入，这种看法正在慢慢改变：如果人们想学习一项特定的技能，他们可以通过网络或从传统教育以外的渠道找到他们所需要的工具。

你如果没有上过大学，不要绝望，因为有些成功人士要么大学肄业，要么完全放弃上大学。《时代》杂志曾报道，马克·扎克伯格、史蒂夫·乔布斯、比尔·盖茨、詹姆斯·卡梅隆、汤姆·汉克斯、哈里森·福特都从大学辍学。从他们的事例可以看出，大学环境实际上是实现他们目标的一个障碍。通过自己的努力，并直接追求自己的目标，他们取得了巨大的成就。

如果上大学对你来说是正确的决定，那么你可能会因为想进入一所"好的"大学而感受到巨大压力，如果你想进入常春藤院校，压力会更大。进入常春藤院校被认为是拥有高智力水平的标志，难怪很多人会认为成功的唯一途径就是从名牌学校毕业。长大后我常想，如果当初我进入了一所常春藤院校，或许会为取得成功奠定基础。当我没有被我的首选学校录取时，我自认为比那些有机会接受这种教育的人获得成功的概率要小得多。

实际上，一所学校无论多么有声望，都不能保证所有学生获得成功。正如我们已经讨论过的，成功对于每个人来说都是不同的，所以你如果没有上过常春藤院校，就不必再自责了。如果你正在求学的道路上，那么你对学校的选择应该更注重与你的目标相契合，而不应该注重学校的名气。

研究表明，进入精英学校实际上也存在弊端。根据《优秀的绵羊》（Excellent Sheep）一书的作者威廉·德雷谢维奇（William Deresiewicz）的观点，精英教育会以一种特殊的方式训练你，这会让你很难和与你不同的人对话。威廉接受了十四年高等教育，并取得好几个常春藤院校的学位。他在书中写道："精英学校以其多样性而自豪，但这种多样性几乎完全是民族和种族的问题。实际上，就这些学校的班级而言，在很大程度上越来越同质化。"在此，威廉提出了一个非常重要的观点，即那些进入常春藤院校的学生可能很少有机会体验到多样性，并与来自不同背景的人合作，这或许对其将来的职业发展是不利的。

此外，精英教育经常训练你遵守规则，而不是去探索自己的道路。进入一所精英学校，就意味着你必须循规蹈矩，学习规范化的课程，得到一致性的评价，直到在面试中说出一样的话。在这条通往精英学校的道路上有相当多的窍门，并且有一个蓬勃发展的行业，包括导师、顾问和教练等角色，它致力于确保你被精英学校录取。被精英学校接受的整个过程让我们觉得只有一种正确的做事方式。一旦我们进入精英学校，情况就会变得更糟，在那里，我们全神贯注于竞争同样的实习机会和令人垂涎的工作。这种思维方式使我们无法追求我们热爱的工作。当你拒绝在工作中优先考虑快乐和满足感时，你的工作表现就会受到影响。在这场所谓的竞赛中，你可能会陷入平庸。

最后，精英教育促使我们形成一种固定的心态。它促使我们相信，我们在标准化考试和大学排名中所处的位置会自动决定我们的价值和我们应该达到的成功水平。但事实并非如此！对于我们来说，拥有这种固定的心态实际上是最糟糕的事情之一。斯坦福大学（Stanford University）心理学家卡罗尔·德韦克研究发现，成功的一个重要品质是具有成长型思维模式，也就是相信自己总能进步，较之智力，努力对于成功而言更重要。

事实上，现在已经没有万金油式的成功之道了。关键是你要了解自己，并认识到生活中有无数种成功之道。你需要找到适合自己的解决方案、环境、公司。当你不再一味地听取别人的建议，而选择做对自己有利的事情时，你就会最大限度地运用你的天赋。时刻谨记，无论你在大学里是否施展出才华，你都有很大的潜力。因此，在定义自己的价值和成功的潜力时，你要停下来认真思考一下。了解自己，珍惜自己的天赋吧！

创造反馈回路

很多人对别人的反馈意见都有喜好。我们喜欢正面反馈,害怕负面反馈。对负面反馈的恐惧是由这样一种信念引起的:如果有人说你做得不好,你就不够好,或者害怕我们必须成为别人才能够成功。更令人无法接受的是,我们太害怕换工作了,以至于大多数人都会继续坚持做不适合自己的工作,并接受那些试图把自己变成另一个人的负面反馈。

这就是为什么学会管理正面和负面的反馈与寻求反馈一样重要。反馈是一面镜子,可以映射出你自己和你的行为。很多时候,我们在努力工作的同时,也把自己完全暴露给了他人。在这种情况下,反馈是你的朋友,它可以帮助你验证你是否产生了与你的目标相一致的影响力,并让你知道什么时候你没有运用自己的天赋(你可能没有发现,因为你感到厌烦或不知所措)。如果你能把自己从负面反馈中分离出来,把它看作一个机会,那么你就能利用它为自己带来好处。它可以帮助你验证正在做的工作,并引领你踏上天赋养成之路。

反馈也需要像建议一样被过滤。你要考虑反馈的来源,即反馈是由谁给出的。对你来说它是事实吗?如果不是的话,那么这种脱节从何而来?你能从中学到什么?

马修在一家大型公司担任高级管理人员不久后,我们开始接触。他所在的部门约有两百人,我建议他从同事和经理那里得到一些关于他就任这个新职位九十天以来的表现的反馈。

之后,他收到了反馈,有正面的,也有负面的。事实证明,负面反馈是最有用的。他的团队里有人说他傲慢，我觉得这个反馈太令人意外了，因为马修是我见过的最不傲慢的人之一。但我们不能忽视这些反馈，我们可以对其进行剖析，以最好的方式利用这些信息。

马修没有逃避这些负面反馈，而是决定把这些反馈看作公司文化的一部分。我们清楚地看到，虽然马修并不傲慢，但他被认为是傲慢的，因为他认为这个公司的文化是有缺陷的，比较老派，缺乏前瞻性。他的想法通过他的非语言行为表现出来了，而这种行为被一些人（其中不乏重要的高层人士）解读成了傲慢。

明白了这一点，接下来我们就一起努力改变他的想法。这份工作好的一面是，马修确实可以运用自己的天赋，并且拥有了自认为有意义的影响力，而负面反馈帮助我们看到了一个他以往忽视的地方。我提醒他，与其抗拒接纳这些负面反馈，不如认真地审视一下各种反馈信息。我建议他接受当前的公司文化，要从心里接受它，这是改变他的非语言行为的唯一方法。既然他与公司文化不能完美地契合，那么尝试尊重它就是最好的策略。在之后的几周内，马修从他的同龄人那里得到了正面反馈——他们看到了他的改变。

如果你所在的公司没有正式的绩效评估流程或不提供定期反馈，我鼓励你经常使用反馈机制，这对于意识到自己的影响力、把准工作脉搏非常重要。我的客户用以下四个问题请他们的同事评估他们在工作中的表现。这些问题可以帮助你了解别人眼中的你，即便和真正的你并不一样，你也需要了解。你可以用这些问题来衡量别人眼中的你是否在天赋地带工作。请向与你密切合作并了解你的同事提出以下问题，并让他们将答案反馈给你。

- 和我一起工作时，你最喜欢我的哪一点？
- 我最独特的地方是什么？请尽可能具体地说出来。
- 与我共事，对你的工作经验或业绩有何影响？你最大的变化是什么？
- 对于我的表现、管理或领导风格，你有什么建设性的反馈意见吗？

尊重你的直觉

直觉来自你所学到的东西。根据职业心理学家杰拉德·霍奇金森（Gerard Hodgkinson）的说法，直觉是大脑储存、处理和重组信息的结果。大脑根据过去的经验和外部的信号做出即时决定，给我们留下总的感觉，即事情是对的还是错的。心理学家格尔德·吉仁泽（Gerd Gigerenzer）在他的职业生涯中一直专注于利用直觉来做出正确的决定。在他看来，直觉是我们面对不确定的世界时所使用的工具，它基于我们的经验，是一种无意识的智力形式。他在2014年接受《哈佛商业评论》采访时表示："我与大公司合作时曾询问决策者，他们有多少重要的专业决策是依据直觉所做出的。在我合作过的跨国公司中，大约50%的决策最终都是由直觉做出的。"

显然，直觉是你的智慧之源，应该始终贯穿于你的职业生涯。更多地关注你的直觉并尊重它，是为了建立起你的自我认识。相信自己的直觉，就是在运用自己的智慧。

我相信伟大的决定都是本能和数据的结合，你可以把天赋地带作为你的个人数据来源。当你结合你的天赋做出职业决定时,你的直觉通常是正确的,但被环境认可的往往是你的理性思维。你在工作中能够感受到兴奋,都是你与直觉对话的结果。如果在某种情况下,你的直觉良好,同时这个决定允许你运用自己的天赋,还与你的目标相契合,那么你就要闪亮发光了。

当你对接下来的路怎么走心里没谱时,相信你的直觉也很重要。这个时候你应该寻求一定的支持或建议。请记住本章我们讨论过的关于直觉的内容。

以下问题可以帮你在下一次面对凭直觉行事还是寻求外部帮助这一问题时把握好度。请回答"是"或"否"。

1. 当你遇到一个全新的问题时,你是否会寻求帮助?
是〇 否〇

2. 你最根本的问题是缺乏自信吗?你对如何应对挑战有自己的想法,但不相信你能实现自己的目标吗? 是〇 否〇

3. 你是否对自己的专业知识不够自信,一遇到问题就向他人寻求帮助? 是〇 否〇

4. 你缺乏专业知识吗?你是否在目前领域中的工作时间尚不足一千小时? 是〇 否〇

5. 当涉及一些创新性的想法或你的想法的延伸时,你是否患有冒名顶替综合征(这意味着你会觉得自己是个冒牌货)?
是〇 否〇

如果你对以上四到五个问题的回答是"是",那么你存在下面的问题:

你真正的问题是不相信自己足够好,不相信自己的直觉。你有想法,可能也有经验,但你不像那些拥有学位或已经从事这份工作更长时间的人那样重视这些想法。所以,下次在你想寻求帮助或建议之前,先等一等。你要运用自己的智慧,相信自己独特的观点,并勇于承担风险。创新就是这样产生的。

如果你对以上两到三个问题的回答是"是",那么你存在下面的问题:

你缺乏自信,但真正阻碍你的是你的战术,而不是另辟蹊径。在这种情况下,向别人寻求建议或支持是不错的选择,但要确保你真正采纳了他人的意见。当然,如果他们的建议不正确,你可以不予理会。在此期间,你要善于利用自己的智慧和专业知识。

如果你对以上零到一个问题的回答是"是",那么你存在下面的问题:

你可能会从一些支持中受益。你很自信,但你没有足够的经验来支持自己的直觉。通常在学习专业知识的初期获得支持,可以帮助你全面思考或为你提供战术性建议。不过你要记住,如果有人提出的建议不正确或不适合你,那么请你不要采纳,再向其他人寻求支持。

杰夫·贝佐斯(Jeff Bezos)曾在普林斯顿大学学习计算机科学和电子工程专业,毕业后他去了华尔街工作。1990年,他成为投资公司D.E.Shaw最年轻的高级副总裁。四年后,他萌生了创办亚马逊网站的想法。他想建立一个不依托线下门店的在线书城,他想成为在线书商。

贝佐斯想放弃当时那份高薪工作，转而开创这份事业。他很佩服他的老板，便去征求他的意见。他的老板回答："对于没有工作的人来说，这是个好主意。但你已经有了一份很棒的工作。"虽然老板的语气比较温和，但他不支持贝佐斯的想法。这个建议令贝佐斯迟疑了。他重新考虑创立亚马逊的想法。他感到很难过，就和妻子商量。妻子建议他试一试，如果不成功，他还可以回到投资公司工作。他赞同妻子的看法，便把他的家从纽约搬到了西雅图。他在他的车库里创建了亚马逊。接下来的事大家都知道了。当他讲述这个故事的时候，他说他内心根本无法遏制这种念头，他觉得自己必须试一试。

贝佐斯跟随他的直觉，没有回头看。他虽然冒了很大的风险，但毅然去做了。

当你能够尊重自己的直觉，把别人的反馈作为信息，并寻求到正确的支持时，你就养成了增强自我意识的习惯。随着这种自我肯定的不断深化，你就会在工作中找到真正的快乐，因为你竭尽所能、全力以赴。当你可以信任自己并把外部资源当作工具而不是拐杖时，你就能充分发挥自己的潜力，而不会感到无所适从。

接下来的部分是关于正念的。正念是一种聚集当下的能力，它可以帮助你建立意识、减小压力，并让你坚守自己的天赋地带。

第四部分 正念

THE GENIUS HABIT

当你在任何挫折下都能相信自己,并承认你的工作的某些方面与你的优势不匹配时,你就把成长型思维模式和天赋完美地结合起来了。当你认可真实的自己,而不是想成为其他人期望的样子时,我相信这就是真正的自信。

第八章　你的自我价值在于自信

> 问题：你有多自信？
>
> 天赋养成计划：从源头获取你的业绩信息。

如果你的天赋是你最喜欢的思维方式和解决问题的方式的完美结合，而且你能够将它运用于符合你目标的工作中，那么你对自己了解得越多，就越容易获得易于复制的积极的工作体验。识别你的天赋和目标是确保你在天赋地带工作的第一步，接下来则需要理解并发挥它们的价值。这就是自信的来源。

自信并不是来自别人对你取得好成绩的赞扬，而是当你知道自己处于巅峰状态时内心的感觉。它来自你对自己的了解，并且意识到自己能做出什么成就。

当我作为分析师团队的一员在第一资本集团工作时，我的自信不足，因为我从事的是一份分析性很强的工作，我试图成为另一个自己。现在，我知悉了自己的天赋和目标，就算周围有再多分析能力很强的人，我也会很自信。虽然我知道这项技能不是我最擅长的，但没关系。我可以欣赏别人的这种能力，全心全意地接受他们的优点，但我不想成为他们那样的人，我知道自己能带来同等价值的东西。这种理解使我建立了自信，无论在什么环境中，在谁身边，我都可以欣赏和珍视自己。

自信是每个人都想拥有的一种特质，因为它被认为会带来巨大的成功，然而它是我们经常忽视或没有充分认识的一个方面。尽管我们知道它的重要性，但对于如何建立自信我们有点儿摸不着头脑。更多的时候，我们注意到自己缺乏信心，然后才会发现自己不够自信。那么从现在开始，你就把这本书看作建立自信的一个垫脚石吧。

建立起自信，你就不再害怕失败，不会认为自己唯有完美才能获得成功。事实上，你一旦开始运用你的天赋，就会自信地意识到自己已经具备了成功所需的关键要素。

请记住，你有能力控制自己的思想和受其支配的行为方式。你会加深自我意识，找到让你感到最自信的东西。然后，你可以随时捕获这种感觉。我不会对你大肆宣讲，我将告诉你如何消除你大脑里的负面噪声，并且增强你的自信。关键是练习正念（这是一种可以让你完全沉浸于当下的方法）。这样的话，你就可以理解自己对一些触发因素的反应，并且获得更多关于这些反应的意识。当你能在做出反应之前确定自己的反应时，你会发现自己的信心大增，因为你不受潜意识的摆布。

强烈的情绪反应往往伴随着消极的心理反应，然而很少有人意识到它对我们的思维、行为乃至职业的影响。相信我，消极的情绪会在我们的脑海中挥之不去，我们总能听到类似这样的评价：你不够好，不够聪明，不够有悟性……这样的评价会给我们的思想蒙上阴影，限制我们的眼界。最终，它通过影响我们的价值观来影响我们的工作。简而言之，消极心理会影响我们的自信。此外，一些不利于健康的生活习惯（比如睡眠不足、缺乏锻炼等）也会对自信产生不良影响，使我们更难控制消极心理。你如果不准备改变，使身体处于最佳状态，就无法控制消极情绪。

消极情绪的触发因素是如何影响自信的

自信不应该是转瞬即逝的，在大部分时间里，我们都应该对自身和工作感觉良好。但令人遗憾的是，大多数人并非如此。我们都背上了过去的包袱，这些包袱会使我们产生消极情绪和想法，当我们遇到一种特定的触发因素时，这些情绪和想法就会出现。你有没有注意到，有些事情会让你很恼火，但你不知道为什么？或者对于同一件事情，别人没觉得有什么不对的地方，你却反应强烈？

每个人都会有突然触发消极情绪的时刻，而在这些时刻，你呈现出来的并不是最好的自己。大多数人都不知道消极情绪是如何被触发的，直到他们做了一些让自己后悔的事情才有所察觉，比如对员工大喊大叫，用手猛击桌子，或者做出其他不理智的行为。在其他情况下，你的消极情绪对其他人来说并不那么明显。触发因素会增强你的消极情绪，从而导致你恐慌、高度焦虑或极度担忧，最终导致你无法正常工作。这便引发了两个层面的问题：首先，触发因素会把你置于一种追悔莫及的境地；其次，其所造成的损失大多是不可逆转的。

大部分人都有这样的触发因素。我差不多有六个这样的触发因素，大多是我父母缺乏责任感和对我的忽视造成的。比如，当我得不到关注，或者感觉某人没有采取负责任的行动，或者某人在一定的时间内没有回应我时，导火索就会被点燃，我就会产生一种夸张的强烈反应。没有人做出反应与没有被人关注有关，因为当没有人回应我时，我便觉得他们没有关注我，从而觉得自己被拒绝了。

　　你一旦理解了你的核心情感挑战，就会发现，尽管负面情绪的触发因素五花八门，但你的核心情感挑战只有一种，就像这些触发因素都非常接近于我的核心情感挑战一样，即不被关注。任何一个触发因素都会破坏你的信心。你如果能放慢速度，变得更加冷静，就容易看出触发因素是什么。通过了解它被触发的时机、原因来命名它，然后你就能够更有效地助自己度过那一刻，从而重新掌握主动权。你一旦能识别出自己的触发因素，就能为下次再遇到类似情况做好准备。你可以更加理性地做出反应，从而放慢脚步，做出更符合你意愿的行为。

讨厌即兴发挥的阿比

　　我有一位客户叫阿比，每当她认为自己还没有做好准备时，消极情绪的导火索就会被点燃。她是个完美主义者，所以在准备会议时，她通常要花几个小时去阅读报告，了解当前的市场状况。每当她参加一个会议时，如果事先没有考虑每一种可能的结果的话，她就会变得焦虑、非常沮丧，并失去自信。如果有人问她一个她没有准备好的问题，她就会中途离席，责备自己几个小时，与消极的思想做斗争，而不是采取有效的措施。

我告诉阿比，要想消除她大脑中这种毫无准备的触发因素与结果之间的联系，第一步就是找出引起她反应的原因是什么。我帮助她认识到，毫无准备这一触发因素与她过去的经历有关，她便把这个触发因素与儿时她父亲不断斥责她不够好联系起来。为了得到父亲的称赞，她觉得自己要避免任何失败。她的大部分消极心理都围绕着这种感觉：无论她做什么，她都觉得不够好。

一旦确认阿比的消极情绪的触发因素，我们就开始建立起积极的思维过程，取代原先的消极思维过程。我们一起想出了一个好方法，当那些消极的想法再次出现时，她就可以去使用它。她逐渐养成了这样的习惯，每当她在会议上感到焦虑时，她就会告诉自己："我已经做好了周全的准备，缺乏准备并不是我价值观的体现。"仅仅做出一个改变，她的消极反应就开始减弱。

从那以后，她告诉我，她经常练习用积极的想法来克服消极情绪，比如在她还没有完全准备好开会时，她能防范消极情绪的触发，并增强了自信。阿比说："现在我清楚了是什么触发了我的消极情绪，它来自我的过去。我现在可以冷静下来，尽我所能在此刻做到最好。我意识到自己有能力改变这种内在的状况。"

这种练习将帮助你找出在工作中感到焦虑、紧张或不自信的原因。你可以花几个星期的时间进行观察，记录感到压力、焦虑或缺乏自信时的情况。对于在工作中和家里发生的事情，你要仔细观察并记录下来。列出这些情况，并问自己下面的问题。注意是什么引发了这些情况，然后确定究竟是什么消极想法引起了你的反应。

- 现在这种情况是否和我过去经历过的某种消极情况类似？
- 是什么原因造成了这种情况？
- 这种情况与我的核心情感挑战有关吗？
- 我童年的某个事件可能是引发这种反应的诱因吗？

你一旦能够找出消极信息的来源，就可以通过传递积极的信息或念出与消极信息相对立的咒语来重组你大脑中的资料。由此你便可以控制自己的精神状态。另外，放慢脚步，把自己置于消极的情境中，训练自己正确应对这些容易触发消极情绪的情况，由此，你可以更多地了解这些情况，从而理解你自己。这就是正念实践的本质。你能够识别和忽略消极的内部信息，而不是被它们左右。摆脱消极情绪的控制就是一种强有力的行为改变，这会立刻增强你的自信。

信心游戏

你有多少次在工作中感觉有些"不对劲"？这可能很常见，就像和你的经理进行了一次糟糕的谈话一样。在这种时候，你很容易匆忙确定一种外部原因，而不是找出根本的原因（事实上，这可能是由你自己造成的）。这正是你被消极情绪控制的表现。这个时候，非常适合使用"业绩追踪器"。对你而言，感觉有些"不对劲"就是你内心的映射。这就是为什么在对你的表现或你与经理的关系匆忙下结论之前对这种感觉进行审视很重要。

谈及自信，男性和女性之间的差异立显。根据2014年发表在《大西洋月刊》（The Atlantic）上的一篇题为《信心差距》（The Confidence Gap）的文章，有证据表明，女性比男性更不自信，这导致尽管职场上女性人数更多，但男性被提拔得更快、薪水更高。这篇文章指出，女性未能突破职场天花板的原因是"极度缺乏自信"。这篇文章的作者凯蒂·肯（Katty Kay）和克莱尔·施普曼（Claire Shipman）在《信心密码》（The Confidence Code）一书中写道：

> 我们曾与数十名女性交谈过，她们都很有才华，而且都很资深，可一旦我们谈及她们的盲区时，她们明显踌躇了，似乎有一股力量在阻碍她们。有一位成功的投资家向我们倾诉，她不配得到刚刚的提拔。几十年来，她一直是行业的先锋工程师，却不确定自己是不是担当公司新的大项目的最佳人选，这意味着什么？……与男性相比，女性认为自己还没有做好晋升的准备，会觉得自己经受不住考验，会表现得不尽如人意，而且她们通常会低估自己的能力。

她们的研究令人大开眼界。卡耐基梅隆大学（Carnegie Mellon University）经济学教授琳达·巴布科克（Linda Babcock）发现，男性发起薪酬谈判的频率是女性的四倍，而当女性进行谈判时，她们缺乏自信，这导致她们比处于类似情况下的男性取得成功的概率低了30%。相比之下，男性更倾向于一种叫"诚实的过度自信"的状态。这是哥伦比亚大学商学院（Columbia Business School）的埃内斯托·鲁本（Ernesto Reuben）创造的一个术语，用来描述男性固有的、一贯的、夸大成功的能力。鲁本说："男性对他们的表现的评价比实际情况要高30%，而女性对于自己过去的表现的评价只比实际情况高出15%。"

我们可以看出，男性和女性在对自身能力的自信方面表现出了显著的差异。这项研究让我大吃一惊，因为作为一名女性，我很难相信这种现象是真实存在的，而且，大多数女性都没有意识到这种差异。或许女性可以在对自身能力的自信方面向男性学习。世界上有很多事情我们无法控制，但我们可以控制我们对自己和自身能力的感觉。我的愿望是，女性能够认识到与男性的这种差异，并在工作中努力解决缺乏自信这个问题。

冒名顶替综合征：我们不相信自己是"货真价实"的

在整个劳动力市场中，冒名顶替综合征可能普遍存在。这是一种感觉：你没有别人认为你拥有的能力，而且你很有可能会失败。谢丽尔·桑德伯格（Sheryl Sandberg）在《向前一步》（Lean in）一书中谈到了这一现象，她在书中提到自己在谷歌和Facebook担任高管时经常感到不合格。如果谢丽尔觉得自己是个冒名顶替者，我可以打赌，我们同样有这样的感觉。

了解你的天赋可以帮助你战胜冒名顶替综合征。首先，你要认识到，要想取得成功，就需要在工作中不断学习，但这并不意味着你必须找到所有问题的正确答案。在你的天赋地带工作，可以帮助你认识到自己有能力为解决问题进行积极的思考并产生积极的影响。它还帮你发现，何时你的天赋不是完成工作所必需的，这样你就可以找到具有完成该任务所需天赋的人，并与他们合作。其次，对解决问题充满信心，是你需要培养的一种行为习惯。事实上，冒险精神和不惧怕未知的东西比成为某一领域的专家更加重要。解决问题的过程比结果更重要，这一点不仅从真正的领导人身上得到验证，而且在任何人身上都有所体现。

如果自认为是冒名顶替者的心理与你的核心情感挑战有关，那么你可能有类似于冒名顶替综合征的触发因素。你想要摆脱这样的心理吗？那就要像建立你的自信一样，强化自己对这种心理的意识。你知道它出现的确切时间吗？这是一种持续的感觉吗？它是否只有在你处于一种特定的情况下才会出现，如董事会会议、团队会议，或当你做报告时，当你的工作有期限要求或需要做分析时？如果你能跟踪这些情况，你就会知道你在哪里以及如何被绊倒，然后就可以重塑自信。请记住，那些给人以超级自信印象的人都曾为重塑他们的思维默默地努力过。克服冒名顶替综合征是需要努力的。

让失败成为你成功的一部分

不管外界环境如何变化，增强自信的最终目标都是恒久保持自信。挫折和失败是生活的一部分，你不能让它们毁了你。真正的自信意味着无论发生什么，你都了解自己、相信自己，并且能够以坚韧的精神面对失败。

埃隆·马斯克（Elon Musk）是身价数十亿美元的著名投资人。他就是一个很好的例子。作为太空探索技术公司（Space X）的创始人，他没有一条通往成功的捷径。事实上，他有一段史诗般的奋斗历程，他没有被火箭发射失败击退，也没有被破产吓跑。他的失败经历可以做成一份简历：

1995年：他申请了一份网景通信公司（Netscape Communications Corporation）的工作，但没有被录用。（虽然这在当时对他来说是件大事，但今天网景通信公司在哪里呢？）

1996年：他辞去了自己创建的Zip2公司的首席执行官职务。这是一家为报纸提供在线城市指南软件的公司。

2000年：他在度蜜月期间，被PayPal公司董事会罢免首席执行官一职。

2001年2月：他尝试从俄罗斯购买火箭用来创建太空探索技术公司，但没有成交。

2006年：太空探索技术公司第一次发射火箭就以爆炸告终。

2008年：特斯拉公司和太空探索技术公司都濒临破产。

2013—2015年：发生数次火箭爆炸事故。

2014年：特斯拉公司研发的S型电动车存在电池自燃问题。

2018年：虽然埃隆·马斯克的生意并不尽善尽美，但他的身价已经高达148亿美元。

埃隆·马斯克显然经历过巨大的失败，甚至有些失败使他无法继续前行。然而，他从未放弃过，并从每个人身上学到了很多。他说："失败是一种选择。如果没有失败，你就没有足够的创新。另外，我认为要想出众，就不要走寻常路。"我同意他的观点。

保持成长型思维模式

你完全可以控制自己的思维模式。你的思维模式是你进行思考和组织行为的方式，也是你管理自己的想法、克制摇摆的意志的方式。当你能够管理好自己的思维模式，养成习惯，建立自信，在工作和生活中获得更多的平静和快乐时，你就会充满力量。

斯坦福大学社会心理学家、发展心理学家卡罗尔·德韦克著有《终身成长》（*Mindset*）一书，这是一本具有里程碑意义的书。卡罗尔在书中描述了两种对立的思维模式——固定型思维模式和成长型思维模式。固定型思维模式不允许人们随心地改变，固化了人们的思维。成长型思维模式使人们能够迎接挑战，从而让自己改变和成长。如果你相信自己能够提升智力，你的智力就真的可以提升。她写道："当你进入一种思维模式时，你就进入一个新世界。在固定型思维模式的世界里，一切都具有固定特征，对成功的定义就是证明你是聪明的或有才华。在成长型思维模式的世界里，你会改变自己的资质，去学习一些新的东西，从而不断发展自己。"

德韦克指出，具有固定型思维模式的学生更容易抑郁，更有可能反复思考自己的问题和遇到的挫折，认为挫折意味着自己不称职或没有价值,从而反复折磨自己。他们的失败给他们贴上了标签,使他们无法取得成功。然而,成长型思维模式会鼓励你积极地扭转失败的局面,从失败中吸取教训。

当我在学校时,我一直是一个好学生,一旦取得不好的成绩,就会觉得自己是个失败者,担心自己不够好。我的思维模式属于固定型思维模式。这并不奇怪,我们的教育制度促成了这种固定型思维模式,你要么是个学生,要么不是。你要么才华横溢,要么平庸无奇。直到我开创了自己的事业并发现了自己的天赋,我才开始把失败视为机遇。我现在欢迎失败,而不是消极地过度反应。我会考虑其他因素,比如,下次我怎么做就更好了?努力工作、我的天赋和专注发挥什么作用?当我把这些考虑进去的时候,我就能拥有成长型思维模式。相信你也可以!

当你在任何挫折下都能相信自己,并承认你的工作的某些方面与你的优势不匹配时,你就把成长型思维模式和天赋完美地结合起来了。当你认可真实的自己,而不是想成为其他人期望的样子时,我相信这就是真正的自信。

杜绝"我不够聪明"的心理暗示

当你在学校被贴上"不如别人聪明"的标签时,你很容易觉得自己不够聪明。当别人告诉你,你不如周围人聪明时,这显然会影响你的自我认知,并可能让你在潜意识中认为自己无法成功。不过,如果你因天资聪颖而受到表扬,同样的情况也可能会发生。

你可能认为，被称为聪明人会帮助你表现得更好，但卡罗尔·德韦克证明了并非这样。她做了一个简单的实验，证明批评和表扬都会削弱我们应对挑战的能力。她让孩子们解决一道简单的谜题，大多数孩子都觉得难度很小。后来她告诉其中一部分人，他们是多么聪明能干。那些没有被告知自己很聪明的孩子更有动力去解决难度逐渐增大的问题，并且表现出更高的自信水平。由此可见，"表扬可能会导致缺乏自信"这一观点变得具有说服力了。虽然你可能认为每个人都喜欢被称为聪明人，但事实证明，这不一定对我们有帮助。这可能最终让你失去自信，因为当你被告知自己很聪明时，你会把失败看作一个信号，表明你或许没有别人告诉你的那么聪明。

随着事业的进步，别人可能会根据你的技能给你贴上标签。虽然管理者会根据员工的表现进行分类，但表扬员工聪明或斥责他们不够聪明是没有用的，并且可能不准确。心理学家霍华德·加德纳（Howard Gardner）认为，智力分为九种类型。现实中有如此多的方法来衡量智力，以至于我们无法定义某人是否"聪明"。显然，我们给别人贴上聪明、迟钝或其他标签，并没有充分考虑他们的智力。更糟糕的是，给别人贴标签的人并没有准确评估他人的方法。他们只是根据观察到的情况做出假设。由于他们自身的偏见和对智力的定义，他们的认知可能与其他人不同。

每个人都认为自己可以评估他人的智力，但没有人真正有能力这样做，除非你是一个评估方面的专家。更重要的是，在你工作的地方，没有人有权决定谁聪明、谁不聪明。不要轻易把一个人描述成聪明的或不聪明的人，而要小心谨慎：试着放慢速度，详细地描述你观察到的情况。如果你看到两个人合作得很好，请告诉他们，他们是很好的合作者。我们要更多地关注和尊重别人，要描述他们实际上带来了什么，而不是用一个没多大用处的标签来评价他们。提供更加详细、准确的积极反馈有助于增强他人的信心。

如果你想在智力方面感到自信，那么请积极地寻找经常在你的天赋地带工作的方法。通过有意识地完成天赋养成过程，我已经找到了在工作中运用天赋的方法，从而让自己变得更加自信。我不关注那些定义我或我的智力的标签，因为我清楚自己的优点和弱点，并且努力使我的工作与我的优点匹配。我是这样肯定自己的：我有能力学习、成长，并不断拓展我的专业知识、获得新技能。不过，这并不意味着我的天赋会随着时间的推移而改变，改变的是我运用它的方式和我的专业知识的深度。随着我越来越熟练地运用它，我发现自己的专业知识在加深，这激励我用更复杂、更有价值的挑战来激发自己的天赋。

通过成长型思维模式克服自我怀疑

史蒂夫向我求助，因为他在自信方面出了问题。史蒂夫是一家大公司的顾问。他喜欢他的工作，并梦想着开创自己的咨询公司。他想从亲自负责客户工作转变为管理一个直接为他工作的顾问团队。他认为现有的咨询文化僵化保守，希望打开一种全新的、更有活力的工作格局。然而，他总是被困在构思阶段，因为他过分自我怀疑。他饱受冒名顶替综合征的折磨，这让他觉得自己从来没有准备好开创自己的事业。他告诉我，他的脑海中不断响起一个声音：这样的你能成为一名首席执行官吗？像你这样的人真的能实现这个梦想吗？

我们发现，史蒂夫的核心情感挑战源于幼年时被疏于照顾、经常被忽视。他被忽视的痛苦清楚地表明了他的目标：他喜欢帮助别人，让别人感觉到他们并不孤单，他要么给予他们支持，要么帮助他们解决问题。这个目标与咨询工作完美契合，史蒂夫很乐于看到他每次所做的决定都能很好地帮助别人。他创业的梦想也与他的天赋相匹配，我把他称为"可能性战略家"。史蒂夫充满了能让他所在的公司有别于竞争对手的想法，而且他有足够的工作经验使之成为现实。他想创造一种文化，让每个人都能从事与他们的天赋相匹配的工作，因为他觉得这将成为咨询行业蓬勃发展的最佳环境。但是，他现在所在的公司有着完全不同的文化，大多数员工都工作过度、精疲力竭、被忽视。

我的下一个任务是解决史蒂夫的自我怀疑问题。根据他的种种表现，我们利用"业绩追踪器"对他感觉最不自信的时刻进行了跟踪分析，确定了两个主要的触发因素。第一个触发因素发生在他感到工作太多而不知所措时。他白天的工作越忙，自己创业的时间就越少。忙碌使他感到焦虑，这意味着他将永远没有时间或精力专注于自己的事业。第二个触发因素发生在他失去客户时。当无缘无故失去客户时，史蒂夫就会陷入自我怀疑的旋涡。这些情况虽然不常发生，可一旦发生，就会对他的士气产生相当大的影响，使他认为自己没有能力开创自己的事业。

确认了史蒂夫自我怀疑的触发因素之后，我帮他创建了一些新的信息，来消除那些让他产生自我怀疑的消极因素。第一条信息是让他对自己说："我可以成为一名首席执行官，而且我是有能力的。"第二条信息针对他的第一个触发因素和他创办自己公司的最终目标："我不能从事那些让我远离梦想的工作。"第三条信息针对他的第二个触发因素："失去客户与我的能力无关，只是意味着他不是合适的客户。"

并且，我们还致力于培养史蒂夫的成长型思维模式。他每周都会使用"业绩追踪器"来对自己进行分析，并不断提醒自己：要相信自己的能力，要把问题视为机遇。经过对自我怀疑进行几个月的调整之后，史蒂夫觉得自己脱胎换骨了。他终于准备好自己创业了。为了使他的梦想成为现实，我们开始制定时间表和行动步骤。不到一年，他的事业就启动了。他告诉我，他比以往任何时候都快乐，体验到了前所未有的自信。

简单的实践扭转了史蒂夫的自我怀疑，让他看到，他可以达成超出自己想象的目标。现在史蒂夫和我仍然保持着联系。每当他陷入旧的思维模式中，我都会提醒他，他的天赋和目标非常明确，所以对于他自己的事业，他只需要做一件事，那就是继续相信一切都是真的。

你的思维模式属于哪一种

根据卡罗尔·德韦克的观点，你要么生活在固定型思维模式的世界中，一切都不会改变；要么生活在相信你有无限的个人成长潜力的成长型思维模式的世界里。回答以下问题，看看你的思维模式属于成长型思维模式还是固定型思维模式。你更赞成哪种思维模式呢？你可以二者兼备，但大多数人会倾向于其中一种。

1. 你的天赋是你工作方式的基本要素，你不能改变太多。
   是〇 否〇
2. 你能够学习新的技能，但你不能提高你的智力。
   是〇 否〇
3. 无论某一特定任务对你有多高的要求，你都可以改变自己，甚至提高你的智力。　　是〇 否〇
4. 你总是可以运用自己的天赋。　　是〇 否〇

如果你同意1和2，那么你的思维模式可能就属于固定型思维模式；如果你同意3和4，那么你的思维模式可能就属于成长型思维模式。

建立正念和自信的心灵咒语

创建针对特定触发因素的信息至关重要，很多人都在为类似的问题苦苦挣扎。我们中的许多人都面临着同样的核心情感挑战，而且我们都有可能在某个时刻患上冒名顶替综合征。以下是我认为可以帮助到你的心灵咒语，你可以从中选择一些适合自己的。

- 我能创造出我想要的成功。
- 别人对我的看法只是他们的看法而已。

- 失败是成长、学习、变得更好的机会。
- 我尊重并欣赏自己的天赋,并赋予其价值。
- 我的消极心理不是真实的。
- 自信是我与生俱来的。
- 当我觉得自己是冒名顶替者时,这说明我走上了正确的道路。
- 当我处于天赋地带时,我便充分发挥了自己的聪明才智。
- 我有能力实现我理想的工作目标。
- 消极的反馈只会使我在工作上更加精进。

正念并不局限于你的思维方式,它还关乎你的身体健康,这直接影响到你的工作。在下一章,你将了解为什么保持高能量不仅会影响你的感受,而且会影响你的思维方式。

第九章　提升你的能量

> 问题：你真的很有效率吗？
> 天赋养成计划：将你的方向从牺牲时间和健康转变为优先考虑你的健康。

到现在为止，你应该对你的天赋感到自信，你甚至可以想象如何在工作中运用它，从而使你更有效率、更快乐、更专注。事实上，你在一天中运用天赋的频率越高，你就会变得越自信。你的自信将由内而外地散发出来。这将释放出更多的精神能量，从而让你的工作提升到更高的水平。

力求一切做到最好其实并不好

我们经常把在工作的各个方面力求卓越视为取得成功的关键。我们被教导越多越好，因此大多数人都在不断追求更多：更多的信息，更多的教育，更多的证书。但事实上，试图做好每件事是一个糟糕的策略。试图做好每件事会消耗巨大的能量，追求完美会导致人超负荷运转。我的许多客户都认为，他们的事业达到顶峰的方法就是过度准备。在理论上，这听起来像一个很好的策略，但过度准备需要花很多时间，效率并不高。卓越是对技能的一种极端要求，因为这意味着人们要花费很多精力去成为所有领域的专家，这样就无法优先考虑如何更好地运用他们的天赋做好某一件事，而将其他事委派给其他人。

那些追求卓越的人愿意牺牲他们的幸福、精力和健康去做他们认为需要做的事情，他们认为只有这样才能成功。比付出身心健康的代价还要糟糕的是，过度准备的潜在信息是"我不够好"，这是自信不足的明显特征。如果你执迷不悟地想成为每个领域的专家，而不是提高你的专业水平，与你的天赋联系在一起，那么你将永远无法以最契合你的天赋的方式专注于某一领域的工作，你会觉得自己还不够好、还不够格。

要专注于你最擅长的工作，而不是尝试去做一个全才。为自己设置合适的舞台，你会减轻压力、增强自信。加利福尼亚大学伯克利分校组织行为学教授卡梅隆·安德森（Cameron Anderson）的研究充分说明了这一点。他在一个学期的课程中反复对250名学生进行测试，看他们能否从一份含有虚假信息的清单中识别出真实的历史人物和事件。他发现，一些被其他同学所崇拜的学生将虚假和真实的历史信息弄混了，但他们对自己的选择很有信心，尽管他们的选择经常是错误的。这项研究表明，实际知道得少而看起来知道得多的学生是最后的赢家。当我们需要由他人来评判的时候，自信往往胜过能力。

你快精疲力竭了吗

令人惊讶的是，人们很容易忽视倦怠的迹象。你可能下定决心要在期限前完成任务或实现一个目标，以至于错过了一些危险信号和警示信号，表明某些事情即将出错。你如果忽略了身体发出的警报，就可能会在意识到问题之前撞到墙。

你会出现以下几种情况，也许其中一种比其他的要严重。你可能还不知道，你的潜意识或许已经处于精疲力竭的状态。这些警示信号中有没有你熟悉的？

1. 半夜惊醒，觉得精神紧张或心跳加速。
2. 你总是处于被动状态。
3. 你总是担心未来。
4. 你通常很容易生气。
5. 几个星期以来，你每晚的睡眠时间都不超过五个小时。
6. 你已经忘记了快乐的感觉。

好消息是，现在有更有效的方法使你避免这种精疲力竭的感觉。当你在天赋地带工作时，即便你有一个紧迫的时间节点，你也不太可能感觉到压力，因为你将有效地利用你喜欢的和擅长的方式来处理你的工作。当你花大量的时间做一些无趣的工作时，你就会感到精疲力竭。如果你喜欢你正在做的事情，因为你天生擅长它（即处于你的天赋地带），那么你就会感到精力充沛而不是透支。

我知道现实情况并不总是这样,但每个人都可以选择如何度过自己的每一天,如何运用自己的天赋。当人们过着觉得不是自己所选择的生活时,精疲力竭的感觉就会来了。你可以选择减轻压力,创造自己的成功版本,积极主动地掌控自己生活所需的能量,摒弃那些你不喜欢的生活。难道你不愿意用一种让你更快乐的方式来运用你的能量吗?

当你的身体释放皮质醇时,压力反应就开始了。皮质醇抑制那些被认为非必需的或不具有决定性作用的功能。它会影响你大脑中控制情绪、动机和恐惧的区域。身体长期处于压力应激状态,会过度分泌皮质醇,这可能会使你产生很多健康问题,包括焦虑、抑郁、消化不良、头痛、心脏病、失眠、体重增加、记忆力下降和注意力不集中等。

当你的生活中充斥着压力,已经影响到你的身心健康时,你就需要放弃那些令你讨厌的工作,这样会减轻你的压力,带给你快乐。一份看起来不错的工作虽然为你赢得了同行们的赞誉,给了你丰富的物质条件,但让你压力很大、没有快乐感。然而,这样的工作对于很多人而言是可以接受的。

为什么睡眠不足是新型烟瘾

在商业世界里,睡眠与软弱甚至羞耻联系在一起。我见过很多公司的员工都在谈论谁的睡眠更少。睡眠科学家马修·沃克(Matthew Walker)说:"我们给睡眠贴上了懒惰的标签。我们想让自己看起来很忙,而表达这一点的方法之一就是宣称我们的睡眠是多么少。"

在职场中，成就主义者通过在办公室熬夜和放弃睡眠取得成功。他们可能抱怨工作时间太长，但说起"我每天晚上11点之前都在办公室"时，又表现出很光荣的样子。这就是一些人判断自己勤奋的方式，即便那些时间并没有被充分利用。现在许多公司的文化依然认同：长时间的办公时间等同于员工的忠诚。斯坦福大学的约翰·彭卡沃（John Pencavel）在2015年的一项研究中发现：每周工作五十个小时后，员工的产出会下降；而每周工作五十五个小时后，员工的产出会大幅下降。更糟糕的是，那些每周加班一整天的人实际上是在浪费时间。研究表明，那些每周工作七十个小时的人并不比每周工作五十五个小时的人有更多的产出。

我在各种场合演讲时，每当问起有没有人有足够睡眠，往往只有几个人给出肯定的答案。很多工作狂已经在所在的领域达到顶峰，但他们为了事业上的成功付出了很多，包括人际关系、家庭、快乐和睡眠。那么，有没有工作做得很好且得到足够睡眠的人呢？有。为什么我们从来没听说过他们？因为走进办公室说："哦，是的，我昨晚睡好了，足足睡了八个小时！"这不是我们所推崇的文化。

阿里安娜·赫芬顿（Ariana Huffington）在她的第一本书《成功的第三种维度》（*Thrive*）中分享了一个关于她的故事。2007年的一天，为了创办"赫芬顿邮报"网站，她已经连续工作了十八个小时。她在家里打电话和查看电子邮件时突然晕倒了，摔在地上。醒来后，她满脸是血，颧骨骨折，眼睛上有一处伤口。经过检查，医生做出诊断：她的身体透支了。

努力工作是成功的一种模式，但不是成功的最佳模式。阿里安娜在她的第二本书《拯救你的睡眠》（*The Sleep Revolution*）中探讨了睡眠不足的危害。由于睡眠不足引发的健康问题越来越多，睡眠不足已成为重大公共卫生问题。如果没有适量的睡眠，我们的认知功能就会受损。有一项研究将睡眠不足与心理健康问题联系在一起，其中一个方面是，睡眠不足会导致情商下降，从而让我们更容易反应过度，变得易怒。阿里安娜将夜间工作有好处的现象称为现代错觉，并写道："然而，坚信少睡多工作的人依然鼓吹，自己即便只睡四五个小时，也可以保持与睡足七八个小时一样的工作效率。"

《快速公司》（*Fast Company*）杂志专栏作家里娜·拉斐尔（Rina Raphael）则写道："睡眠不足不仅会影响员工的情绪和饮食水平，而且会影响生产力、创造力和决策力。对于大多数工作来说，疲劳通常会导致工作表现不佳，而在医药或交通等领域，睡眠不足可能意味着生命安全问题和无谓的死亡。"显然，对于那些想要成功的人来说，保持良好的睡眠习惯应该是一个重要保障。你如果想在白天精力充沛，就从保证睡眠开始吧。

马修·沃克在他的著作《我们为什么要睡觉？》（*Why We Sleep*）中提出，做梦是一种缓冲剂。科学家们早已发现，在睡眠过程中，记忆会得到进一步巩固。然而，沃克指出，睡觉也是为了忘记。在睡眠过程中，我们消除了当日的情绪，第二天更容易解决问题。如果没有良好的睡眠，你回到办公室就会感到不舒服。

沃克非常认真地对待他的睡眠，你也应该如此。他说："我每天晚上都会睡足八小时，而且我的睡眠时间非常有规律。我要告诉人们一件事，那就是不管发生什么事，每天一定要按时睡觉、按时起床。"改善你的睡眠质量就是这么简单，难的是意识到自己有问题。与其加班加点做无用功，还不如保证充足的睡眠，充足的睡眠会让你感觉更好。

你的时间是如何度过的决定了一切

五十多年前，睡眠研究先驱内森·克莱特曼（Nathan Kleitman）发现了基本的休息—活动周期，即在晚上九十分钟的时间里，我们会逐步经历五个睡眠阶段。克莱特曼还观察到，我们的身体同样会以九十分钟的周期在白天工作。当我们清醒后，我们的警觉性会逐渐由高转低。有些人把这个周期称为超日节律。身体通过发送信号来适应这个周期，告诉我们何时需要精神或身体上的休息，我们只需要意识到这些信号，包括烦躁、饥饿、打瞌睡和注意力不集中。当我们连续工作超过九十分钟时，身体就会通过释放应激激素皮质醇调集紧急储备，从而使肾上腺素达到高峰，确保我们可以继续工作。问题是，我们中的许多人已经对应激反应上瘾了，或者我们已经无意识地训练自己忽略这些信号，使用人工方式（食用含有咖啡因、高糖和简单碳水化合物的食物，甚至锻炼）来提升我们的能量。

当我们考虑到这个周期时，我们就会发现，这与人们的普遍看法相反，我们不可能从早上9点到下午5点坐在办公桌前进行最佳思考。"能量计划"是由商业作家托尼·施瓦茨（Tony Schwartz）发起的，他指出，监测个人的精力和休息是非常有价值的。他经常说，朝九晚五的模式其实与我们的大脑是不同步的。他认为，长时间工作是没有效率的，我们无法在全天的工作中一直保持清晰的思考。我认同他的看法。为了保证工作的质量和效率，你需要休息。

作为员工，或许你的公司有严格的上下班打卡时间要求，你无法设定自己的工作时间。为了优化你的思维、提升工作效率，请你确保在不工作的时候有足够的睡眠，并且把你的健康放在首位。你可以在工作中抽出时间进行短暂休息，或做一些对身心有益的日常活动。然而，很多人倾向于做相反的事情。他们下班后参加社交活动，熬夜，因为那是他们唯一的空闲时间。如此一来，第二天他们用在工作上的精力就会很有限。我发现这些人无法在工作中获得快乐，无法建立自信，他们特别看重这些空闲时间，因为只有在这个时候，他们才会感到自由。我们大多数人都在别人的眼皮子底下工作，没有意识到我们的生活方式是如何影响我们的工作表现的。你一旦开始在天赋地带工作，就会发现你可以在白天寻找到快乐，这样你晚上就可以放松，得到你所需要的睡眠。当你找到你喜欢的工作方式时，你会发现你的精力更容易专注，并且能在有限的时间内尽最大的努力去完成工作。

我有一位客户叫斯坦，他发现只要前一天晚上参加聚会，第二天上班时，他就会精神不振，感觉累极了，无法正常思考，反应也会变得迟钝。他觉得自己陷入了一个恶性循环。我让他开始使用"业绩追踪器"，这确实帮助他改变了自己的行为。每周他都会运用"业绩追踪器"记录他晚上出去喝酒的时间以及第二天的工作表现。他发现了规律，每当他喝了两杯以上酒，第二天工作时就会感觉很不舒服，而且更容易焦虑、疲惫，一切都失衡了。同时，第二天他会喝大量的咖啡来提神，这可能是加剧他紧张不安和焦虑的原因。看到这些数据，他不得不在工作日停止饮酒。他说:"我希望头脑清醒,前一晚喝酒会影响我第二天的思考能力。即使在周末,我也想控制饮酒的量,只喝一两杯酒。"

很多人觉得他们受工作日的摆布,但我认为我们可以积极主动地安排日程。人们往往在还没有考虑到自己有选择权的情况下,就盲目地遵守了规则。然而,大多数经理都会同意,我们可以而且应该通过优化我们的工作日来提升工作效率。虽然你很容易养成日复一日做同样的事情,做你周围其他人都在做的事情的习惯,但如果你觉得自己有更好的方法,那就大声说出来。工作的灵活性足以让你惊讶。

我向客户提出的另一个建议是,不要每一个被邀请参加的会议都参加。许多人认为,如果他们被邀请参加一个会议,就必须去,而不是看着日程思考:我必须去参加吗?我去不去很重要吗?如果我的团队中的其他人在场,我就不需要去了。对于一部分人来说,这个小小的改变,可以使他每周空出来六到十二个小时。如果你的职位比较低,你就需要和你的经理谈一谈。你要列出你参加会议的时间和从会议中获得的价值。如果你能证明有些会议没有有效利用你宝贵的时间,而且你不参加会议就可以完成更多工作,那么你就可以不出席这样的会议。即便你无法得到不参加会议的许可,这样的谈话对你也是有利的,它可以证明你有能力更好地利用你的时间和精力。

这些建议都指向一种转变,即认为你是自己的主宰,而不是任由别人摆布。人们难以将自己的健康放在首位,因为他们已经接受了这种观念:如果他们工作更久,牺牲自己的健康,他们就会更有效率,成为更有价值的员工。要扭转这种想法,就需要你培养对自己时间的掌控能力。接下来让我们谈谈你现在可以开始这样做的一些战略方法。

创造你理想的工作日

我总是问我的客户,他们理想的工作应该是什么样子的。许多人回答得非常具体:

> 我真的很想在早上有几个小时来思考我的一天。然后,我想与我的团队成员开几个小时的会议。理想的情况是,会议有明确的可交付的成果。

> 理想情况下,我希望我一天中的所有会议最多四次,而且集中在上午。下午,我将有两个小时不间断的时间用来独立思考,然后有单独的时间查看电子邮件。

> 我理想的一天应该从锻炼开始,然后是两个小时的思考时间,在家查看电子邮件。再然后,我走进办公室,感觉精神焕发,准备好与我的团队成员开会。最后,我以一个小时的独处时间来结束这一天,思考明天的工作重点。

接着我问:"你现在的工作日和你理想的工作日有多大不同?"大多数情况下,每个人真实的一天与他们希望的完全不同。最常见的抱怨是他们没有足够的时间思考,一天中有太多的时间都花在了开会上，而且由于不断增加新的工作任务，他们感觉自己一直处于被动状态。

我的任务是帮助他们尽可能多地创造理想的工作日，或者说让他们的一天变得更轻松，这样他们就有更多的时间去思考，而不是疲于应付。有时，做出非常简单的改变即可，比如离开办公室到咖啡厅工作，或者早上在家多抽出一个小时用来思考，或者在公司允许的情况下，每周在家工作一天。如果这些不可能，那么可以在非用餐时间去餐厅工作，让它成为一个可以让你坐下来不间断地工作的地方。或者你也可以启动步行会议，这样就能增加能量。阿里安娜·赫芬顿在谈到步行会议时说，步行会议给她带来了巨大的快乐，这是一种很好的方法，可以一边工作一边呼吸新鲜空气。我的很多客户反映说，这些微小的变化对他们在办公室工作时的整体能量水平和幸福感产生了巨大的影响。

我的客户托尼亚是一家小型初创公司的首席财务官（CFO），她从来没有觉得自己可以走出办公室。她花了三年时间才意识到，公司的不断发展与她是否坐在办公室工作没有关系。现在每周五的下午，她都会在一家咖啡馆悠闲度过，专心阅读一些专业书。她告诉我，一个小小的改变使她的精力和能力发生了巨大变化，她可以有时间专注于自我发展，而且每周五的下午已经成为一周当中她最喜欢的时光。

我的客户玛丽在公司担任一个入门级的职位，她苦于无法专注于工作，因为同事们总是来到她的小隔间问这问那或聊天。她发现，通过每周在与她所在部门不同的楼层预定一个小会议室，她有了一些不间断的时间来处理低优先级的工作。她还在自己的办公桌做了简单的标志，让同事们知道她什么时候有空说话，什么时候在专心工作。这两种办法让玛丽觉得自己能更好地掌控自己的工作日。

你不妨也尝试一下。想一想你希望每天的工作是什么样子，然后再想一想怎么做才能实现这种理想的状态。这是优先考虑你的健康的第一步。我敢打赌，你会发现，只要做出一些小的改变，你就可以打造一个理想的工作日，或者至少离目标更近一些。

运动有助于你运用自己的天赋

有助于增强大脑活力的一种方法是运动。梅奥医学中心（Mayo Clinic）的研究人员称，运动能刺激你的大脑生成让你感觉良好的化学物质内啡肽，从而缓解你的压力，改善你的情绪。研究人员发现，经常运动可以增强自信，减少与轻度抑郁和焦虑相关的症状。你的睡眠通常会被压力、抑郁和焦虑所干扰，而运动可以改善睡眠。

如果没有运动，我就不会成为今天的我。从我还是个孩子时，我每周都运动五次，这个习惯一直延续到我的成年生活中。它已经成为我的一部分。运动赋予我能量和信心，也是我竞争精神的载体。思维活跃的时候，我会进行一些创造性思考。我会带着问题进行运动，运动结束的时候，我的心中已经有了答案。我认为运动是使我处于天赋地带的关键伙伴。

找到有趣的运动方式，这样你就会对其充满期待。运动的方式各种各样，很多都符合你的人格类型甚至你的天赋。比如，因为我是"机会发掘者"，所以我在运动过程中训练自己收集数据的能力。

这种方式很适合我，我也乐于在数据中寻找模式。这让我的运动更有趣。

如果你的人格类型是内倾型，你会发现独自运动比在健身房上训练课更有趣。如果你的人格类型是外倾型，喜欢和别人一起锻炼，或者很难按照计划坚持锻炼，那么你可以请一个教练或找一个能坚持锻炼的伙伴帮助你锻炼。我曾多次聘请教练，因为我的人格类型是外倾型，这使我觉得运动就像在参加聚会。

当然，开始任何新的锻炼计划之前，你应该先征求专业医生的意见。如果你很久没有锻炼了，或者刚生完孩子，锻炼就要循序渐进。不管你是刚开始锻炼还是已经坚持了一段时间，你都要记住，锻炼是提高能量、增强大脑活力的最佳方式之一，也会促进天赋的运用。如果一段时间不锻炼，你很容易忘记它赋予你的力量。你可以像我在这本书中所建议的那样处理它：确保它与你和你的身体相契合，并且让它充满乐趣和挑战。

冥想是一种馈赠

哈佛商学院教授、美敦力公司前首席执行官比尔·乔治（Bill George）曾写道："冥想在商界的意义在于，如果你在工作中全身心投入，作为一名领导者，你会更有效率，会做出更好的决定。"你越专注于你的工作，就越有可能注意到为了成长你需要做出的改变。

对于那些有焦虑情绪和压力大的人来说，冥想是一种很好的方法。我向大多数客户推荐了冥想这种方法，很多人把它融入了自己的日常生活，并且都发生了积极的转变。或许你不能每天都这样做，但冥想并不需要付出什么，很容易做到，所以尝试一下没有什么坏处。

冥想也是天赋养成的一种有效方法，因为它有助于你慢下来，做出轻微的调整，使你更专注于自己的想法。我喜欢把它想象成带着"大脑"去健身房。专注于一个咒语（就是反复说一个词）是一种常见的冥想练习方式，可以训练你的大脑专注于某种想法。这并不意味着冥想很容易，它被称作一种"练习"是有原因的。只有在冥想时，你才会意识到你的大脑里有太多不必要的焦虑。这种能力对保持处于最佳状态所必需的专注力而言至关重要。正如阿里安娜·赫芬顿在《成功的第三种维度》一书中所写："冥想不仅有助于集中注意力，而且可以使注意力分散之后重新集中。注意力不集中已经成为被科技包围的当今世界的主要威胁。"

冥想教练安德烈·埃尔金德（Andre Elkind）是我的朋友，他教会了我冥想。他练习瑜伽，而冥想是瑜伽中的一部分。安德烈建议我每天尝试做两组冥想练习，每组十五分钟。如果你做不到两组练习，一天至少保证做一组，那也比什么都不做强。如果你想要某种技巧来帮助你做冥想，试着放空思想，积跬步以至千里。

设定界限有助于保持精力

现在，你已经知道了坏习惯会浪费你的精力，也知道了重新振作起来的方法，那么拿出专门的时间尝试这些新的练习是很重要的。设定界限是一种很好的方式，可以让你尊重你的这些新习惯，确保它们成为你生活的一部分，而不是很快被遗忘。腾出时间来获得更好的睡眠、锻炼和冥想，你已经在根据你的需求设定界限了。

此外，你如果认为设立特定的界限能让你成为更好的自己，就要坚持这种做法。当你可以向他人解释清楚为什么要设定这种界限时，它就不太可能会阻碍你得到你想要的东西了。

比如，许多人认为咨询业务意味着要与人面谈。然而，在与客户面谈一年多后，我发现与客户面谈对他们或对我来说都不是最好的事情。这完全改变了我以往的工作方式：我必须穿着制服，必须有一间自己的办公室，这无法展现我擅长与他人共事的能力。

我还发现，与客户远程合作对我来说是一种更好的工作方式，我可以充分运用我的天赋。当我打电话的时候，我会切断视频连接，这会让我更加专注地思考。我的天赋要求我倾听客户的意见，然后寻找解决方法。我发现，当我和一个人面对面时，我的注意力就没有那么集中了。为了我的客户，我不能在这样的环境中工作，因为这无法让我做出最好的决策。

虽然有些人可能会认为没有面谈就无法建立关系，但我并不认为与客户会面是理想的。对于客户来说，我提供的是服务，很多时候，我希望自己是隐形的、不可见的。当我们会面时，为了进入状态，很多时候双方会互相询问私人生活。手机会消除这种感受，会让我的客户更放松，我提供信息，他们接收信息，仅此而已。客户会觉得告诉我任何事情都更舒服。而且，忙碌的客户很少有时间将这种面谈安排进日程，虚拟会议允许我们的会话更好地配合他们的日程安排。

与客户进行电话会谈不仅是我想要的工作方式，而且能取得更好的结果。当客户说"我真的想和一个人分享私人感受"时,我就会分享我的想法,通常情况下,他们最终都会认同我的想法。当有人可以帮助你达到事业顶峰时,谁会拒绝呢?

设定界限不仅可以帮助你提升工作效率,还可以帮助你专注于重要的事情。史蒂夫·乔布斯就是一个很好的例子。在他职业生涯的某个阶段,他决定只穿黑色高领毛衣和牛仔裤。对他来说,不必考虑穿什么衣服可以节省精力去做对他更重要的决定。他坚持做对自己有利的事情。

你的天赋可以清楚地告诉你应该设定的界限。了解你的天赋可以让你建立自信,并清晰地告诉你最适合从事什么工作。当你能清楚地说出你最擅长的工作时,你就会得到更多你想做的工作。这不是天生的,是需要培养的。你的经理通常按照工作量分配给每个人工作,他们没有时间去了解团队中每个人的天赋,这就是为什么你要让他们知道你的界限。

转移工作方向

不要再以牺牲你的时间和健康为代价来取得成功,要优先考虑效率,这样才能成为更好的自己。

确定你在多大程度上优先考虑自己的健康。如果你没有这样做,那就在一天中的某个时间段做些改变,从而提高你的自我管理能力。

- 你工作多久会发现自己在办公室长时间的工作而牺牲自己的健

康？这让你有什么感觉？

·你认为每周工作超过五十五个小时效率很高吗？睡眠不足或接近透支会让你处于一种最好的工作状态吗？

·当你能够关注你的健康时，你感觉如何？你的工作质量更高了吗？

·你多久可以睡足一次觉（在床上连续睡八个小时）？如果没有，为什么？你应该做些什么来改变这种状况呢？

·锻炼是你生活的一部分吗？如果不是，什么运动对你来说会很有趣？你一周至少能锻炼三次吗？

·如果你没有优先考虑你的健康，这是为什么呢？对你的健康，你现在能做出什么承诺？

如果你已经能量满满，建立了强大的自信，那么你是时候进行最后的步骤了：拥有毅力和勇气，并保持好奇心。

第五部分 毅力

THE GENIUS HABIT

当逆境袭来时,你会面临选择:你可以选择放弃,或者被击退;你还可以做出另一种选择,那就是前进、创新。你会好奇自己能从这段失败的经历中学到什么,然后想出一种新的解决方案。这种先好奇,然后坚持找到新的解决方案的模式是成功所需的基本行为模式。

第十章　保持好奇心，要有勇气，并把逆境视为机遇

> 问题：你如何消除对失败的恐惧？
> 天赋养成计划：保持好奇心，提升勇气。

"生活中唯一可以依靠的就是不断做出改变"，我一定不是第一个这样说的人。这句话在工作中非常适用。可能前一天你还在热爱着你的工作，第二天公司就被收购了，新的经理来了，他认为你的职位不重要。或者你的工作完成得很棒，随即你被提拔了，结果你却发现新的工作与你的天赋不匹配。改变也可能来自内心：多年以来，你每天都做着同样的事情，并感到相对满足，突然有一天，你发现自己的工作枯燥乏味，想要改变。

有数百种情况可能会让你在职业生涯中面临逆境。工作中的新挑战不可避免地会出现，能否将这些挑战视为机遇取决于你自己。如果你能把这些挑战视为机遇，你就拥有了主动权。

我相信我们需要两种核心的东西，它们能够让我们在困难时期坚持下去：一种是勇气，另一种是好奇心。勇气可以确保你无论发生什

么事都不会放弃,好奇心会让你对改变和新想法保持兴趣。勇气和好奇心的共同之处在于,它们都需要一种能够带来创新思维的努力,这种努力是创造新机会和应对逆境的最佳方式。

逆境是成功不可或缺的一部分

几乎每个人都经历过挫折和失败。如果你从来没有在任何事情上失败过,我会质疑你是否有能力坚持下去,是否能走出你的舒适区。你失败的频率或失败的原因并不重要,重要的是你如何面对这些失败。我们都听说过"没有杀死你的东西会让你变得更强大"这句话,也就是说逆境就是机会。但当你在云层深处时,你很难看到光明的一面。重大的挫折会让你不得不停下前进的脚步,但你要记住,这也是学习的机会。

当逆境袭来时,你会面临选择:你可以选择放弃,或者被击退;你还可以做出另一种选择,那就是前进、创新。你会好奇自己能从这段失败的经历中学到什么,然后想出一种新的解决方案。这种先好奇,然后坚持找到新的解决方案的模式是成功所需的基本行为模式。

当你好奇的时候,你就成了一个探索者。你会处于一种不断发现的状态,这有助于你的大脑不断运转,从而使你既具有创造性又具有创新性。乔治梅森大学幸福促进中心的高级科学家、心理学教授托德·卡什丹(Todd Kashdan)在《消极情绪的力量》(*The Upside of Your Dark Side*)一书中写道:"当你真正感到好奇的时候,这是出乎你的大脑意料之外的。你不会假设任何一种特定的答案,你准备接受不同的意见。"

　　好奇会让你对可能性敞开心扉，这是从逆境中获得成功的温床。你一旦想出了一种新的方法，就可以培养出另一种强大的工具——毅力。安杰拉·达克沃斯（Angela Duckworth）在《坚毅：释放激情与坚持的力量》（GRIT: The Power of Passion and Perseverance）一书中首次提出，专注、毅力和激情是成功的关键要素，而这些要素往往被忽视。她说："热情是常见的，毅力是罕见的。"毅力意味着无论发生什么事，你都会继续全速运转，你的努力不会因环境的改变而减少。毅力就是在你想放弃却最终没有放弃的时候产生的。

　　天赋养成可以让你用较少的努力完成更多的事情，我相信在你的天赋地带工作是你获得勇气的基础。当你潜心从事与自己的天赋相一致的工作时，你更容易面对逆境，而不是经常被那些繁重的日常工作所累。我喜欢把人们可能面临的任何重大挑战想象成马拉松比赛的最后一英里。在跑完前二十五英里后，你准备如何面对最后一英里呢？当目标清晰时，最后一英里跑起来会更轻松，因为这时有平坦的赛道、充足的水和零食。在你的天赋地带工作相当于在完美的条件下跑步，这需要付出一些努力，但与在不利条件下的努力相比，这样的努力不足挂齿。它允许你以更强的韧性面对逆境，并且比你在筋疲力尽时能坚持更长时间。

　　我对通过天赋养成来提升勇气深有体会。在我创业的头几年，我想将与小企业主合作的模式转变为专注于从商界开拓新客户的模式。这是一种自然的发展趋势，因为那时我在商界已经摸爬滚打了十一年，形成了一个广泛的合作网络。然而，当我把业务重心转移到新的群体后，工作变得举步维艰，一切就像重新开始一样。

我合作的第一家公司就是第一资本集团，这笔交易达成得如此之快，以至于我以为可以在几个月内轻松地再签下几家公司。天哪，我彻彻底底错了。我对失败感到好奇，之后了解到，把一家公司变为客户可能需要三个月到三年的时间。我的业务渠道开始中断，尽管事实证明，第一资本集团对我来说是一个很好的资源，但通过它半年才能找到几个客户。

那时对我而言，要么获得成功，要么一败涂地。我要么被这势如洪水的困难压倒，要么加倍努力，保持好奇心，然后制订一个行动计划。我选择了后者。首先，我创建了一个二十四小时运转的销售流程。以前我只专注于销售，后来签下一个客户，不得不停止销售，专注于与他们合作。在新的计划中，我聘请了一名专业销售人员，并设计了一个系统的销售流程。这让我即便有客户的任务在身，也可以继续寻找新的机会。我对自己的期望也做了调整。我知道签更多的公司需要更多的时间和努力。在我和一个大客户签订协议之前，我会削减开支。我的目标是让每个大公司至少有一个人和我合作。公司一旦看到某个员工取得的成果，就会把我的服务推广给其他员工。

我的好奇心和勇气得到了回报。我逐渐开始与大公司的领导人建立合作关系。我从来没有放弃过，即便面对二十扇关着的门，我也会寻找到一扇开着的门。我通过与领英公司建立联系，不断向我想要与之合作的公司中的员工伸出援助之手，建立一种直接的联系。一旦关系稳定，我们便建立了长久的关系。我知道我可能要花一年的时间，才能将这种关系发展成真正意义的一笔生意。我开始为企业、福布斯和《快速公司》杂志撰写文章，打造自己绩效专家的品牌。这些文章给我提供了更多的机会。在文章中，我把重点目标人群设置为特定的、著名的行业主管，从而让我得以与这些企业领导者建立联系。这让我建立起了牢固的社会关系。随着时间的推移，这些人脉会逐渐转变为客户。

通过创建一个能够独立运作的销售流程，我能够专注于那些对我来说很有趣的工作，并与我的天赋联系在一起，进而开发出各种大客户。回顾过去，我很清楚，通过创建一个有力的销售流程来寻找客户是一场巨大的胜利，但我为之付出了大量的努力。如果没有享受工作的乐趣并充满活力的话，我就不会为面对它做好充足的准备。天赋养成赋予了我能量和毅力，让我扭转了不利的局面，步入成功。

好奇心引领创新

在当今这个时代，创新性解决方案来自拥抱多样性。劳动力市场与十年前大不相同，因为人们更愿意真实地展示自己。这是人权的巨大进步，而且好处不止于此。研究表明，员工多元化不仅有利于员工个人发展，而且能使公司整体运作得更好。简单地说，多样化的团队能够孕育出更好的想法。

《创新：管理、政策与实践》（*Innovation: Management, Policy & Practice*）期刊曾刊文称，研究人员发现，女员工比例较高的公司更有可能实现创新。另一篇发表在《经济地理》（*Economic Geography*）

上的文章指出，文化多样性有利于创新。两篇文章的基础数据都来源于伦敦年度商业调查中心对7615家公司的统计分析。研究结果显示，由不同文化背景的领导团队经营的企业比那些领导层同质化的企业更有可能开发出新产品。

然而不幸的是，许多企业很难实现其多样性和包容性的目标，因为这很难做到。人类的大脑天生害怕差异，这一现象被称为内隐偏见。换句话说，尽管我们的初衷是好的，但我们更愿意和那些看起来和我们性格相投或想法和我们一致的人待在一起。这种无意识的偏见存在于不同性别、不同年龄的群体中。这种偏见根植于大脑中，大脑会自动对复杂事物进行归类，并为了简化外部世界而改造主观世界。当我们遇到一个人时，大脑很快就会想方设法弄清楚他是朋友还是敌人，而我们的大脑用来确定信息的依据就是对方的长相、行为是否与我们相似。这既可以是有意识的行为，也可以是无意识的行为。看看你的脸书和推特订阅，你是追随和你的思想有分歧的群体，还是追随在三观上、政治上、审美上与你一致的群体？

大多数人对差异的最初反应都是恐惧、评判和驳斥。然而，这种行为模式并不能为我们或我们为之工作的公司服务。创新要求我们能够有效地与不同的人合作，不管他们的外表、生活方式、思维方式是否和我们的相似。因此，我建议我们不要对变化或差异视而不见，而要好奇地去探索为什么有人会有不同的想法或与我们不同。

逆境突围

杰瑞是那种似乎已经拥有一切的人。他毕业于常春藤院校，他的简历中有一长串知名的消费品品牌公司的名字，而且他曾在这些公司担任重要职位。最重要的是，他是个很棒的人。

当他离开原来的商业公司，在一家中型科技公司担任人力资源总监时，我们开始了合作。他的问题有两个层面：第一，这份工作最终呈现的与他在面试过程中了解的情况不同；第二，这家公司的文化与杰瑞毫不搭界。该公司的首席执行官为人傲慢自大，与杰瑞以前遇到过的领导都不一样。杰瑞是"愿景策略师"。他善于对别人的想法进行加工再创造，然后制定出一个既能满足每个人的需要，又能服务于整体的新战略。这种天赋与战略人力资源管理绝配，但由于该公司仍处于发展阶段，领导只想让他做新员工招聘工作，且要完成的工作与杰瑞想象的相比更偏向于后勤保障方面。

杰瑞显然对这份工作不满意，但他想证明自己能在初创公司取得成功。像大多数人一样，这种念头在他的脑海中挥之不去。但越来越明显的是，这份工作不适合他，他与公司文化的脱节使他感到焦虑和沮丧。毫不奇怪，这家公司为他做出了决定。

对杰瑞来说，被炒鱿鱼不仅仅是失望。他对这份工作寄予了厚望，虽然他内心深处知道自己并不适合这份工作，但被解雇对他的自尊心是巨大的打击。我帮他认识到，被解雇实际上是一次机会。现在，他可以找到一份合适的工作。在这份工作中，他将因自己的优势受到重视，并确保自己处于天赋地带。

我们开始寻找战略性的工作，重点放在与杰瑞的天赋相一致的职位上，这样的职位将为他提供足够的成长机会，使他能够发挥制定愿景的能力。我们列出了上一家公司的文化，并用红线标注出来。这一次，他可以清晰地看出什么样的企业真正适合他。我们还为他量身打造了在面试中使用的特定语言，让他清楚地表达自己会为公司带来什么，并结合公司的情况及其面临的挑战举例说明他将如何做到这一点。我推荐他使用以下表述来进行自我表达：

我的成就感来自帮助他人感觉到被认可，我在简介中介绍了我如何通过我的领导能力来认可他人。我想将这一点带到贵公司。

我知道你们需要一位能够帮助公司召集执行团队的人力资源主管。我的核心优势就在于此。事实上，我的专长是与个人面对面沟通，听取他们的意见，然后制定目标、制订计划，以反映每个人的需求。我相信这对贵公司应对一些挑战是有帮助的。

杰瑞意识到，被原来的公司炒鱿鱼并没有让他觉得需要改变自己。相反，他要在下一次机会到来时更加大胆地做自己。他想要深化他的人力资源管理经验，而不是扩大他所关注的领域。三个月内，他便在另一家技术公司找到了工作，这份工作更适合他。这家公司规模较大，需要一位战略性的人力资源主管来实现员工的全面发展。这是我帮助别人最快找到的工作之一。他虽然仍在同一领域工作，但这时他对自己是一个什么样的人力资源管理者有了更清楚的认识，因为他了解自己的天赋，他能够清楚地表达自己在新岗位上所能提供的价值。

对于杰瑞来说，被不合适的公司解雇成了一个巨大的机遇。他满怀勇气，没有放弃，从逆境中总结经验，并把握住了另一个更好的机会。这就是勇气的魔力，你在失败的道路上越坚持、越不放弃，就越不会在之后的道路上失败。他还表现出好奇心，敞开心扉，接受可能性，将面试过程视为了解公司的一种形式，就像公司面试他一样仔细面试公司。他明白了，找工作的过程其实是了解未来机会的过程。从现在开始，杰瑞能够把未来的拒绝看作机会和通往更好事业的垫脚石。

走出你的舒适区

每个人都说"你需要走出你的舒适区"，这到底意味着什么呢？他们是说你应该背离自己的天赋吗？我希望不是。如果数学对你来说很难，那么成为一名会计很可能会让你感到压力很大。

对于我来说，走出舒适区意味着找到方法，让我可以运用自己的天赋，在当前工作的基础上更上一层楼。它同样可以作为你面对逆境时的处理方法。这意味着你要不放弃，要坚韧不拔，要有创新精神，要对如何前进充满好奇，这一切都与你的天赋密切相关。

当你到一个发展平台时，"业绩追踪器"会帮你看清处于停滞状态的时间，然后由你主动寻找机会，从而将自己的能力提升到更高的水平。我告诉客户，走出舒适区是一种很好的做法。只有这样，当逆境袭来时，你才不会被推向深渊。关键是你要找到适合自己的天赋或目标的机会，并勇敢地抓住机会。我总是在寻找更具挑战性的客户，或与团队合作，以便将我的能力提升到更高的水平。当我的"业绩追踪器"反映我并没有走出自己的舒适区时，我就会留出时间列出一个这样做的方法清单，然后把精力集中在新的机会上。如果要使你的新目标与天赋相一致，把自己的梦想变为现实，你就要永不放弃、坚韧不拔。

我一直害怕公开演讲。我太紧张了，以至于演讲前的几天都睡不着觉，一想到它我就会流汗，我的手也会变得湿漉漉的。尽管我有这种恐惧，但成为一名专业的演说家一直是我的梦想，因为我知道它将会对我的事业产生强大的推动力，这对我来说意义非凡。我如果能帮助一群人看清自己，就知道自己在做应该做的工作。更重要的是，我一直喜欢参加各种活动，比如听演讲，包括TEDx演讲。我曾经到纽约参加过TEDx活动，我知道被选中在TEDx演讲，过程既艰难又有挑战性。

我的一位朋友当时是TEDx活动的策划委员会成员，他知道我的想法后，建议我申请演讲。好消息是我得到了演讲机会，坏消息是我只有一个月的准备时间。我全身开始出汗，胃也难受。我深知，能够在TEDx演讲会让我获得其他演讲的机会，所以我和自己杠上了。

我聘请了一位作家来帮我起草这次演讲的稿子。之后连续两周，我每天练习演讲，大概一天三次。我练习到不能再练习为止。在TEDx演讲时，你不能使用笔记，也没有提词器，而且全程都有一个摄像头对准你。在线视频也无法编辑，一切必须在一次拍摄中完美完成。我的神经太紧张了，在演讲前三天都没有好好吃东西。不过，我做了呼吸练习和冥想。

临上场的时候，我感觉自己知道该如何表现了。在我走向舞台中央的过程中,我的腿在颤抖,但就在这时,我像平时练习的那样开始演讲了。做这件让我害怕的事情时,我的肾上腺素急剧升高,同时我感到精力充沛。演讲结束时,我感到很惊讶,我知道我做到了。

对于接受了TEDx演讲的挑战,我感到非常自豪。走向演讲舞台的每一步,我都在把自己推向极限。现在我知道,我越是把自己的舒适区推向极限,就越能发现自己的能力。从那时起,一有机会我就在各种环境中发言,无论场合大小。虽然当时我并不是专业人士,但我通过挑战自己的极限让我对自己的演讲能力更有信心,似乎每一次都比上一次更加轻松。

为了保持好奇心,你需要创造机会,但走出舒适区并不容易,你必须积极地找到让你害怕的机会,然后直面恐惧。回答以下问题,它们会让你的技能水平提升到新的阶段。

1. 哪些活动是你一直想做但又害怕的?列个清单。

_____

_____

2. 哪些活动与你的天赋或目标有关?

_____

_____

3. 如果由你筹备上述活动，你有什么具体的方法吗？

_____

_____

_____

提高专注度，成为某一领域的专家

坚持的好处在于可以在天赋地带提高你的专注度。较高的专注度有助于员工熟练掌握特定技能，于个人而言是有益的，于公司而言也是很有好处的。专注可以让你很快进入状态，但当危机来临时，很多人不知道应该把注意力放在哪里。许多野心勃勃的人因为不知道如何专注或专注于什么而陷入困境，这种例子数不胜数。为了摆脱逆境，他们选择把精力投入很多领域，尝试各种各样的方法。这种毫无重点、病急乱投医的做法是无效的，无法扭转不利局面。

在这种情况下，你应该依靠自己的天赋，你可以用你擅长的独特技能来处理问题。每次遇到挑战都使用此技能，你就会自然而然地发展出一种专业技能。之后，当不可预见的问题出现时，你不必质疑你的价值、你是谁或你应该做什么，你可以轻松地把注意力集中在解决问题上。

《刻意练习：如何从新手到大师》（*Peak: Secrets From the New Science of Expertise*）一书的作者安德斯·艾利克森认为，一般而言，任何人都要经过一万个小时的专注和刻意练习，才能成为一名专家。我经常向客户提出这个问题："如果你花了一万多个小时去做一件与你的天赋不一致的事情，你会有多大乐趣呢？"

安德斯提到的这种刻意练习需要建立起一个系统的架构，而且要跟踪分析这种练习的过程。在我看来，这应该是个快乐的过程。安德斯分享了一个关于网球运动员如何进行刻意练习的例子。成为一名优秀的网球运动员的秘诀，不在于同各种类型的对手进行比赛，而在于刻意练习。每次你到达一个高度时，它都会推动你走出舒适区。如果你不喜欢做这种练习，它就与你的天赋不符，你永远都不会花时间把它提升到一定的水平。如果你喜欢某一领域，假以时日，你就有可能通过专注地拓展专业知识成为这一领域的专家。

专注的回报就是你将会成为你热爱的领域的专家。专注也是我找到自己使命的方法。在工作中，作为绩效策略师，我努力运用自己的天赋，同时帮助别人发现自己的天赋。这种工作就像我是谁和我想成为谁的延伸。

以毅力和好奇心面对逆境

通过培养毅力，保持好奇心，同时不忘初心，你就可以在逆境面前获得勇气，这是一个值得思考的新问题。

1. 你上一次感到深深的失望是因为什么？问题解决了吗？你采取的方法忠于你的内心吗，符合你的天赋吗？你是带着好奇心解决问题的吗？你变得坚强了吗？如果你都做到了，你从中学到了什么？你怎样才能保持好奇心，或者下次你准备以怎样的勇气去面对逆境？

2. 你最后一次走出你的舒适区，并感觉到自己很强大是什么时候？你在运用你的天赋吗？是什么阻止了你采取同样的行动或者用同样的思维方式解决问题？

3. 你能列出一些让你走出舒适区并且与工作相关的项目吗？你需要做什么才能迈出着手这些项目的第一步？

4. 你觉得自己有多大的勇气，你怎么做才能让自己更有勇气？

我的客户亨特在面临一次危机时找到了我。他刚刚被解雇，觉得自己受到了歧视，因为他酗酒。他被告知，他因表现不佳而被解雇，但公司提出的理由微不足道，他不相信这些理由是正确的。他在这家公司当了二十年零售主管，尽管他酗酒，但他是一名出色的员工，多年来多次晋升。他聘请了一位律师，律师认为亨特在工作场所受到了很严重的歧视。这位律师还建议他找一份新工作。亨特面临选择，要么沉溺于自怜中，哀叹失去的工作，要么继续前进，重塑勇气，坚持下去。他选择了后者并找到了我。

我的首要目标是帮助亨特把这次逆境看作一个机会。我们讨论了他如何专注于寻找一份新工作，在这份工作中，他要走出自己的舒适区，并集中注意力。我建议他成为酗酒者的发言人，帮助公司了解如何更好地支持这些员工，而不是排斥他们。亨特对把他的失业当作一次机会的前景感到非常兴奋。一想到要成为发言人，他就越来越相信自己。我清楚地知道，他决心不放弃。

亨特的天赋在于帮助别人跳出框架去思考问题并改善工作成果，他的目标是使不可能成为可能。他带着好奇心开始进行求职研究，发现具有多元化和包容性的工作内容是人力资源工作中快速发展的一项新内容。人力资源工作可以提供大量的机会来帮助企业以最佳的方式使少数人或被怠慢的员工适应工作，而不是不作为。

  我们制订了一个行动计划，他开始在大中型公司发挥这种角色的作用，并把它推荐给那些以前从未尝试过这样做，但的确需要它的公司。我还清楚地指出，在一家公司，多元化和包容性的职位非常契合他的天赋，并且指出在未来的工作中如何继续运用他的这种可贵的天赋。

  通过掌握职业生涯的主动权，亨特渡过了危机，恢复了他的自信。他明白，虽然他的生活并不像他理想中的那样，但他比他意识到的更有毅力。

  下一章我将帮助你运用天赋找到更好的工作。换工作可以帮助你不断地进步，随着时间的推移，你的注意力也会增强。当你清楚自己是谁以及能够带来什么样的价值时，你就不会那么害怕换工作了。

第十一章　拥抱求职与一切未知

问题：我该辞职吗？

天赋养成计划：成为求职斗士。

如果你在工作中不快乐，记得找出你不满的根源。本书的前半部分提到，如果你在工作中没有成就感，那么你很可能在从事不适合你的工作。如果你已经确定你的工作与你的天赋相匹配，那么你即便在工作中面临困难，也会有信心，你仍然有机会在目前的工作中接受挑战并感到满足。这是一个很好的迹象，表明你可以坚持下去。当然，除了工作本身，你还有可能被其他因素制约。你可能找到了合适的工作，但这家公司的企业文化很糟糕，你的同事也很糟糕，或者这家公司无法给予你足够的自主权。这样的话，总有一天你会感慨："这还是我想要的工作吗？"

判断什么时候该辞职的关键是要清楚地找出导致你想离开的原因。你一旦知道了原因，就要想办法解决问题，如果无法从根本上解决问题，就应该辞职。下面列出了一些你不需要继续坚持，而应选择辞职的理由。

1. 不认同企业文化：企业文化很难改变。除非你是人力资源总监或首席人力资源官，否则你将无法解决这一问题。你即使是人力资源部的负责人，也需要整个执行团队的支持。

2. 有难以相处的经理或同事：和你一起工作的人决定了你的工作环境。如果你觉得和你一起工作的大多数人你都不喜欢，或者你无法和他们相处，那么这可能就是你做出选择的时候了。尽管如此，重要的是你要了解自己的无意识偏见，并在与他人发生冲突时努力解决冲突。冲突往往是一个机会，可以让你更加了解自己，更加了解与你不同的人。如果只有你一个人在努力，而你的经理或同事拒绝敞开心扉，拒绝与你一起解决冲突，那么你就该离开了。

3. 你正在被骚扰、被操纵，而且没有安全感：心理安全感就是可以放心大胆地做自己，而不用担心不好的结果。你如果不能做自己，一直被骚扰或操纵，就不用纠结了，是时候采取行动了。你如果有过不愉快的经历，应该告知人力资源部，如果没有得到适当和迅速的处理，应立即采取行动。

4. 公司的发展方向与你的职业愿景背道而驰：当你的职业开始偏离你的愿景时，你就应该辞职了。

确保职业愿景清晰可见

列出职业规划的时间表和路线图，这样有助于你实现职业愿景，当偏离方向时，你可以适时做出调整。我相信有远见是事业成功的必要条件。确保你的愿景持续发展的关键是经常重新审视它，尤其在取得了一定的成就之后。如今，随着商业领域的巨大变化，僵化保守的长期愿景只会导致失望。然而，当你专注于在你的天赋地带工作时，你会发现，它将为你提供实现愿景的机会。通过不断思考使自己变得强大，你便能更快地实现你的愿景。

你的愿景可能会随着每一份新工作、每一个新职位而有所改变。如果你面临一个意想不到的求职机会，你可以把它看作一次审视职业愿景的机会。当天赋与职业愿景相匹配时，你就会更有弹性，更容易找到你喜欢的新工作。

回答以下问题，然后重新审视你的职业愿景。你可以先制定一个短期的愿景，然后制定长期愿景。我认为短期愿景和长期愿景的制定过程都很有趣，可以帮助你在实现愿景的过程中脚踏实地地走好每一步路。记住，你要经常审视、调整你的愿景，不要自认为它是完美的，从而将它束之高阁。它一定要鼓舞人心、令人兴奋，并且对于你来说是可以实现的。

- 在你的职业生涯中，什么是适合你的？什么是不适合你的？
- 在家庭生活方面，你的愿景是什么？你花在家庭上和工作上的时间分别是多少？
- 你希望在目前的机构或行业里做出什么突出贡献？
- 你想什么时候退休？
- 退休对你意味着什么？你退休后的一天会是什么样子？

- 你想赚更多的钱吗？你想要什么样的生活方式？（仔细考虑这个问题，因为我们知道外在的事物并不能带来满足感或幸福感。）
- 自由对你意味着什么？
- 你在工作中十分向往权威吗？
- 什么程度的影响力对你来说很重要？你想在工作中或多或少留下些什么吗？
- 你希望和什么样的人一起工作？
- 如果你正在考虑换工作，那么你需要具备哪些条件？

现在，请填写以下内容：

- 我的短期愿景（三到五年）是：
_____
_____
_____

- 我的长期愿景（整个职业生涯的目标）是：
_____
_____
_____

在求职过程中运用你的天赋

在不断变化的工作环境中，找到一份工作是非常有必要的。虽然找工作会让人感到害怕，但你要学会习惯，因为在你的职业生涯中，你必须经历多次面试的考验。一直在同一家公司甚至同一个行业工作的日子已经一去不复返了。你如果不换工作，就有可能在一份你不喜欢的工作中沉溺太久，这会扼杀你的动力和你的职业发展。要想找到合适的新工作，你需要成为一名求职斗士。求职斗士意味着你对前景的改变无所畏惧，你对自己的价值充满信心。如果你现在的工作不太理想，你就带着兴奋和计划开始找新工作。你对换工作的恐惧越少，就越能让你的事业朝着你想要的方向发展。

很多人对找工作完全逃避，宁愿继续从事他们不喜欢的工作，因为他们对寻找新工作感到不知所措。他们根本不知道从哪里开始，也不了解这个过程，特别是考虑到新技术和社交媒体已经改变了公司招聘新员工的方式。面对可能出现的被拒绝或困难，他们没有充分的思想准备。他们对自己的定义不清晰，无法描述自己的价值，不清楚自己的目标。

你一旦了解了自己的天赋，就可以探索无限的可能性，然而有时正是无限的可能性让你觉得找工作很困难。在求职过程中，你可以通过运用天赋和设定目标来缩小求职范围，可以从对你有意义的公司或工作类型开始。你是否有机会直接影响与你的目标一致的人？公司是否以一种与你的目标相关联的方式创造一种产品，或者你是否可以帮助到他人？如果答案是否定的，请继续寻找。

你一旦确定了适合你的工作领域或公司，接下来就需要考虑让你的天赋得以运用的具体工作岗位了。运用你最擅长的思维方式和解决问题的方法，来对照你的天赋和工作机会。当获得面试机会时，你就要考虑这个公司、这个岗位是否可以使你经常运用你的天赋。如果这份工作没有机会让你运用自己的天赋，它就不适合你。

对于你面试的任何一家公司，你都要试着了解一下该公司的企业文化。你要与将来的直接领导建立联系，这是一个很好的起点，可以帮你判断自己是否适合这个团队。许多人单凭看起来不错的公司简介便接受了一份工作。或者他们等了很久才找到新的机会，而且在当前的工作中精疲力竭，便轻易地接受了所找的第一份工作。如果他们一心想要离开原来的公司，以至于没有花时间对新公司和新经理进行适当的考察，那么他们很可能会回到原点，新的工作一样不快乐，接下来又要重新开始找工作了。

你要相信好的机会最终会出现在你面前，在此之前，你需要沉下心来，做足功课。有一些客户来找我时很绝望，说他们离开了以前的公司，却找不到新工作。我发现他们每周只接触两三家公司，而他们的目标应该是十家、十五家甚至二十家。如果你已经没有工作了，那么找工作就应该是你的全职工作。你如果还在工作，就尝试着每天接触一些新的工作机会，而找到合适的工作需要更多的时间。

如果你找工作的时间比你预期的要长，你就要好好地审视自己了。在面试过程中，你可能在某些方面需要改进，比如你如何表现自己，或者你如何面对一个潜在的雇主。你要不断尝试、勇敢向前、永不放弃，前方还有无限的机会。你如果把这个过程当作一次冒险，而不是一次任务，并且变得善于展现自己，最终就会找到你原以为不可能找到的工作。

每次面试都要提到自己的天赋

你要了解自己的天赋，更要知道如何有效地解释它，这决定着你如何向他人谈论你的价值。当你去面试的时候，我不会鼓励你说"让我告诉你我的天赋是什么"，因为很多人不理解这个术语。你可以谈谈你的看法、你擅长什么，以及你如何识别出对你有意义并可以激励你的工作类型。你如果能够清楚地表达这三种想法，就会给招聘方留下深刻的印象，因为此时他们要找的正是积极进取、渴望进步的人。如果你能谈一谈你将会给公司带来什么回报，那就更好了。如果你能将这种自我认知与你申请的职位联系起来，并展示出你的思维是如何激励你的，那么面试官很难对这样自我认知清晰的你视而不见。

你可以试着在面试中这样说："我最大的优势就是了解自己。我知道如何积极主动地完成工作；我知道自己最擅长的工作；我知道我比其他人更善于思考和解决问题，而这正是这个岗位所需要的。我深知，贵公司的影响力对我个人来说是一种激励，因此这个职位可以赋予我无穷的动力。我可以很好地管理自己的事业与自我表现。我会定期反馈自己的表现，比如什么地方卓有成效，什么地方不太理想。如果让我管理一个团队，我会帮助我的团队成员养成管理自己绩效的习惯。"

这种既坚定又清晰的表达短时间内很难做到，一开始你可能会觉得如此自信地谈论自己的能力有点儿尴尬。然而，为自己说话是天赋养成的一部分。如果你的简历中有什么地方需要解释，比如换工作的经历或待业时间，那么清晰而自信地说出过去的机会和经历，以及你现在能给公司带来什么，是很有必要的。同时，你还要让对方知道，你如何看待你将为这份工作带来的价值。每次谈论自己的时候，你要观察面试官的反应，观察他们能否理解和欣赏你说的话。他们会看到你的天赋将为所招聘的岗位和公司产生价值。

建立自己的品牌

在天赋地带建立和管理自己的品牌，是另一种减少求职麻烦的方法。如果有人在谷歌上搜索你的名字，会有什么结果呢？你希望搜索到的内容反映的是怎样的自己呢？

你的品牌是你在整个职业生涯中建立起来的东西，而不只是你失业时或在求职过程中需要考虑的事情。你如果还没有建立自己的品牌，就应该开始实施建立自己品牌的计划了。你如果有足够的资源，就可以聘请一位品牌策略师，让他全程帮助你向外界传达自己，这是你送给自己的一份丰厚的礼物。你可以向他展现自己的天赋，让他帮助你制定相应的沟通策略，你会发现这个策略实施起来很有趣。

如果你属于DIY（自己动手）的类型，那么你可以尝试多种方法来建立自己的品牌。你的领英个人资料是在网上分享个人品牌的基石。在博客上，你会有很多机会来创建与你的专业知识相一致的内容。通过发博客或评论他人的帖子，逐渐形成你的个人形象，创建你的虚拟足迹，这些是人们在谷歌上搜索你时会出现的内容，可以强化人们对你的品牌的认同感。你的虚拟足迹是别人对你和你所做的事情的第一印象。

你的品牌也来自你在职场上谈论自己和工作的方式。当你遇到一个陌生人时，你将如何快速描述你的工作呢？言行一致、不夸夸其谈是建立你的品牌的另一种方式。

天赋网络

如果你的人格类型是内倾型，那么建立人际关系可能会让你不寒而栗。然而，建立你的职业关系网是找到一份新工作的重要基石，而且做起来并没有你想象的那么难。事实上，我已经帮助很多人格类型是内倾型的人找到了快乐处理人际关系的方法。如今，人际关系对于找到合适的工作比以往任何时候都更重要。虽然高科技可以提供很多机会，但这也意味着越来越多的人同时申请同一份工作，公司被成堆的简历淹没，而招聘方根本不知道这些人是谁。那些没有掌握求职策略的人，会在网上向一家又一家公司提交简历。不幸的是，这样做往往很少得到招聘方的回应。如果你和其他上千名求职者同时申请同一份工作，那么你获得面试邀请的可能性就像中彩票的概率一样小。

要把人际关系看作打开通往职业前途的机会之门的钥匙。这包括会见那些不仅能为你提供新职位，而且能拓展你思维的人。人们通常在失业前不建立人际关系，在紧要关头才不得不去做这件事，这是一种低效的策略，不应该成为你在商业世界运作方式的一部分。

当我和客户一起工作时，就像前文讲到的一样，我会从确定他们的天赋开始。然后我们会建立一个愿景，这样我才能了解他们想去哪里，他们在哪里不起作用，以及在下一份工作中什么是至关重要的、不可或缺的。在这一点上，我建议他们列出感兴趣的公司或组织。再然后，我们将列出的公司名单与现有的关系网（如领英、校友会或以前的同事）相匹配。你首先要看一下自己的关系网，是否有人与其中一个公司或组织有联系。

你要走出你的舒适区，接触那些你根本不认识的人，尝试与你感兴趣的公司工作人员取得联系，可以是招聘方经理，也可以是合作商的领导，并告诉他们你为什么对这份工作感兴趣。进行一次十五分钟的电话聊天——很少有人抽不出时间做这件事。如果你对自己的职业愿景很清楚，而且清楚自己是哪一方面的专家，你就可以开始观察别人，或者请对方谈谈他们对这份工作的看法。记住，你要尊重他们的时间，并且明确你的目标："这就是我联系你的原因，这就是我想和你谈的。你有兴趣吗？"如果组织中有你学习的榜样，你就可以这样说："嘿，我对你正在做的工作很感兴趣，我想了解更多。午休时，我们去喝杯咖啡或在电话里聊上二十分钟，怎么样？"

在如何与人接触的问题上要深思熟虑、策略得当。我惊讶地发现，我收到的领英好友请求中有很多不带个人信息。发送好友请求而不带个人信息，就像在大街上走到某个人跟前，拍着他的肩膀说："嗨，你愿意做我的朋友吗？"这样做不仅效果不好，而且让人感觉很有侵略性。你把越多的想法投入你的人际关系中，就越能成功地利用它，其他人会看到互惠互利的方面而与你建立联系。

我们的目标是不断地与你能帮助到的人建立联系，反过来他们也愿意帮助你。想一想你能提供给这个人什么：我有什么理由可以让他有兴趣和我见面呢？以你的天赋为起点，告诉他你的个人品牌。从你的天赋和目标出发，更容易与猎头或人力资源管理者交谈，准确地解释你到底在寻找什么。

许多人认为，建立人际关系意味着要去参加各种各样以工作为中心的活动或职业介绍会，并与人面对面交流，但我认为这样的理解是狭隘的。因为参加这样的活动，一来很费时，二来对于一些人来说没什么意思。

另一些人则会担心陷入尴尬或给别人造成困扰。但我发现，如果你有一个令人信服的、明确的理由，即为什么你想和那个人建立联系，那么对方的反应往往比较积极。对于刚毕业的大学生来说尤其如此。如果你表现出主动性，大多数人都愿意与你见面，并会慷慨地对待他们的时间。你要这样说："我是一名刚毕业的大学生，我非常清楚自己最擅长的是什么，我能给贵公司提供什么价值。这就是我想做的工作。我很想向您取经，请您帮我想想我该申请什么样的工作。"

如果你的职业生涯起步较晚，那么你要明白，建立人际关系的关键是主动性，同时要有创新性。你做了什么有趣的事？你准备和你想联系的人谈论什么，他才可能感兴趣？

通过以下提示来确定你是否准备好应对求职的挑战：

1. 你认为自己必须在什么时候再次求职？

_____

_____

2. 再次求职的话，最让你害怕的是什么？你最不害怕的是什么？
_____
_____
_____

3. 读完本章后，你感觉最需要关注找工作的哪些方面，才能让你更无畏？
_____
_____
_____

第十二章　你的天赋不会改变，但你会

> 问题：随着时间的推移，我的天赋将如何发展？
> 天赋养成计划：使用"业绩追踪器"跟踪你的天赋的发展。

你的天赋不是一成不变的，你的事业也是如此。你在工作中运用自己天赋的次数越多，你的天赋就会越发展，你的专业知识就会越深入。比如，我是"机会发掘者"，我的天赋使我善于整合信息，通过使用专注的方法来完成我最适合的工作，我可以看到、感觉到自己的专业知识在不断深化。我还发现，每次运用自己的天赋时，我用更少的资源就能快捷、有效地工作。

你可能已经看到你的工作方式发生了一些微妙的变化，但很多人无法真正看到他们的专业技能在不断提升，因为这种提升的过程是缓慢的、循序渐进的。这就是"业绩追踪器"真正发挥作用的地方。通过这种单一的习惯，你的专业技能的提升过程将会变得更加明显，因为"业绩追踪器"是利用系统的方式来展示你何时及如何运用你的天赋的。你可以通过每周的跟踪分析，清楚地了解自己的进步。这种自我提高的意识，就是天赋养成的一部分。

根据你的资历和工作经历，你可以向团队成员、经理或同事共享你的信息。"业绩追踪器"本质上是一种每周对自己进行绩效评估的工具。你在推进本职工作的同时，要向经理或团队提供最新的工作进展情况。这样可以让你看清现实，不会主观臆测，以防因误判而得出错误的结论。这种习惯不仅会促使你成功，而且会使你成为公司的明星员工。

制订一份天赋追踪计划

许多人都希望经理能了解我们擅长什么，从而让我们去做自己擅长的工作项目。虽然经理可以做出有根据的猜测，有时也会与你沟通看法，但如果你可以就自己的天赋与他人很好地沟通，你的工作会更有挑战性，你会更加充实。你可以说："这就是我的天赋，你可以利用我实现你的目标。"记住，只有最大限度地提升你的业绩才符合公司的最大利益，所以让公司里的其他人很好地融入自己的天赋地带，既是在帮公司，又是在帮自己。

与经理和同事经常讨论自己的天赋对推进工作的作用，这是在公司内部建立人际关系的技巧。与那些在天赋地带工作的人共事，将会很好地激励你，同时可以使每个人都专注于发展自己擅长的领域。

在开始找工作的时候，你要清楚地表明你对公开招聘的这一职位的看法，并详细说明你将如何应对这份工作带来的挑战。在面试中，我们在谈论自己时往往会泛泛而谈,因为我们害怕给人留下不适合这份工作的印象,但与面试官具体谈论你擅长什么及什么能给你带来成就感是至关重要的。面试官通常更看重那些知道自己的优势及如何利用优势的员工。

向他人阐明你的弱点也是很有必要的。经常有人会建议我们不要这样做,但我发现,对于一位潜在的老板来说,知道你不擅长什么也是非常有益的。最有效的策略是阐明自己的弱点,并给出克服它的方法。比如,我总是出现拼写错误,但永远不会装作自己擅长拼写,在向客户发送电子邮件或文档之前,我会使用各种工具反复检查自己的拼写。写作是我工作的一个重要方面,我已经找到了一种解决拼写问题的好方法,以确保交付的文稿没有拼写问题。放弃那种尽善尽美的念头,重要的是找到克服弱点的方法,当然这并不意味着你需要背离自己而成为另一个你。

使用"业绩追踪器",并不意味着你一直使用它。坚持一段时间后,你会找到问题的原因和解决办法,这样的调整和改变是及时的,而不是滞后的。坚持使用"业绩追踪器"三个月,你认为已经对自己有所把控了,想停止一阵子,不失为一种很好的选择。当再次觉得自己表现不佳时,你可以重来一次。当你需要的时候,它就在你的手边。我现在仍然经常使用"业绩追踪器",但并不是每周都使用它,只是我已经养成了这个习惯。当我感觉有点儿不对劲的时候,我会一周又一周地连续使用"业绩追踪器",这样我就能弄清楚不对劲的感觉是从哪里来的,并做出必要的改变来调整自己的方向。

通过使用"业绩追踪器",你会发现,随着时间的推移,你对自己的认识会不断加深，你会更好地了解你在当前工作中的表现。你将能够找出任何挫折或不满的根源，也会意识到什么时候的自己是快乐的，什么时候的自己是兴奋的，以及什么时候工作会取得重大进展和突破。

更重要的是，你会注意到自己的主观意识增强了，你会更好地处理消极情绪和缺乏自信的问题，你将更加了解这些问题的触发因素。通过练习，你可以很好地处理问题，并积聚起最终逆转这些触发因素所需要的力量。

专注于在自己的天赋地带工作和使用"业绩追踪器"一个月后，你可以回头看看自己进步了多少。每周用Excel表格来记录，这样你能直观地看到所有的分数，并对每项评分进行比较。这样做真的很直观，因为你可以看到自己需要继续关注哪些领域，看到自己什么时候偏离了天赋地带，当然也会看到什么时候问题变得严重了。

"业绩追踪器"中如果出现持续的低分，就可能预示着某种问题或某种趋势。你不会因为一时冲动而做出辞职这样的重大决定，你会以自己的远见卓识而非偏见做出决定。这最终会让你对自己的事业拥有更多的自主权。

以下是我的客户在使用"业绩追踪器"时的反馈：

每周使用"业绩追踪器"是一种有效的机制，可以跟踪我的目标，让我更好地处理具体情况，并在接下来的时间里改善自己的表现。

——Open table[①]业务运营主管昆西·杨

[①] Open table：美国一家网上订餐平台。

区别好的领导者与优秀的领导者的关键在于是否有清晰的自我认知，是否对优势和劣势了然于胸。使用"业绩追踪器"有时会让人感到既麻烦又形式化，但花时间记录每周忙碌的工作还是很有价值的，这样可以让你更好地认知自己。我发现，定期有规律地反思自我表现，可以使我及时做出调整，使我的影响力最大化。坚持使用"业绩追踪器"一段时间后，这个习惯使我每一天都非常清醒，我会自然而然地注意到自己的表现，而不需要他人的提醒。

——Instructure[①]副总裁海瑟·E

使用"业绩追踪器"规划未来

通过阅读第十一章，你可以构建一个职业愿景，并在重新审视这一愿景时使用"业绩追踪器"。你可以利用这个习惯来实现你所希望的职业转变，并功成名就。通过追踪自己在工作中的快乐感受和在天赋地带工作的日子，你可以对工作现状和发展前景做出判断，看其能否让你更接近自己的终极愿景。

你的愿景虽然是发展变化的，但它可以为你提供清晰的发展方向，尤其是当你面临工作变动时，它的方向性作用就会凸显出来。你越是挑战自己的舒适区，越是在你所从事的职业中积极主动，你的愿景就越有可能随着时间的推移而拓展。我在一些顶级客户身上看到了这一点：他们的愿景每年都在改变，因为他们已经实现了原先设定的

[①] Instructure：美国一家教育机构。

愿景，现在他们必须设定更大的愿景。所以，你还需要时常审视，原来设定的愿景现在是否依旧可以让你兴奋。

在绩效考核中使用"业绩追踪器"

传统的绩效考核通常以一年或半年为周期，通过从同事那里获得关于你的业绩的详细反馈，并由你的经理为你打分，来决定你是否升职或加薪。这样的绩效评估需要花费大量的时间和精力来完成。比如，当我在第一资本集团工作时，公司全体员工总会花一到两周的时间来参加业绩评估的相关会议。在此期间，公司会查看员工的分数，绘制加薪或晋升的钟形曲线。其实这样的会议对提升绩效没有帮助。

传统的绩效考核只能反映一个人某一方面的表现，因为几个星期或一个月以后，大多数人都不可能记住每个人的方方面面。这样的考核就是把一个人某一方面的表现，应用于过去的几个月、半年甚至一整年的表现评定。

许多公司已经完全摆脱了传统的绩效评估方法，朝着更灵活、更频繁的方向发展。你不会再被动地接受分数评定，经理可以通过与你进行一次不太正式的谈话来对你进行评估。这样做的原因是定期评估的作用更明显，一个人在1月的表现可能与他在10月的表现大相径庭。

这一新趋势要求个人要更多地对自身的成功和失败做跟踪记录。这样做的好处是，它反映的是工作之外的生活，在许多方面更具有创业精神。如果你是一名顾问或是经营自己企业的创业者，你就必须激励自己，并不断地走出你的舒适区，这样你的企业才能成长。在过去，传统的大型组织让管理者来决定员工的未来，但新的经营方式迫使每个人适应并学会管理自己。不过很多人不知道如何内省，他们习惯了由经理决定他们的表现。

随着跳槽行为的增多，个人必须成为自己职业生涯的掌控者。我相信，在当前和未来的商业环境中，了解你自己、管理你的职业生涯和跟踪你的表现是取得长期职业成功的关键。"业绩追踪器"是一种理想的工具，它既有助于你了解自己，又有助于你发现自己表现欠佳的原因。

此外，值得为之工作的大公司越来越认识到在员工身上投资的价值。在内部培养人才比从外部寻找新的人才更具有成本效益。我发现，那些深知自己的优势和劣势，并清楚自己的职业发展方向的员工，往往能够做出自我调整，更有可能成为公司的超级明星员工。

你能成为理想的员工吗

我和一些最好的公司（那些曾在各种场合宣扬以人为本的企业文化的公司）的招聘部门进行过交流，我要求他们去定义他们理想中的员工应该是什么样子。他们告诉我，总的来说，经验并不是那么重要，而具备与他人良好的合作能力、有独特的想法，并清楚地了解自己和自身价值的人才是他们所看重的员工。基本上说，任何人都可以获得工作经验，但并不是每个人都能了解自己，都能够积极主动地与他人良好地合作。而员工的这些能力和工作方式才是老板们所需要的。

这些正是在天赋地带工作和使用"业绩追踪器"所赋予的能力。这样你就会知道如何成为更好的自己，并成为一个理想的员工。如果你能清楚地说出自己的优势和劣势，能够积极主动地表现，能够与各种类型的人合作，同时具有开放、创新的思维，谁会不愿意聘用你呢？

你能成为理想的领导者吗

在天赋地带工作造就伟大的领导者的例子数不胜数。伟大的领导者需要了解自己。他们要做到以人为本。他们知道，要想取得真正伟大的成果，必须让团队中的每个成员都感到快乐、有安全感、被倾听和有参与的积极性。他们让周围的人参与进来，一心为了公司的利益，而不介意自己是否站在舞台的中心。

如果你是一名经理或团队领导，了解你擅长的是什么很重要。如果你的团队成员同样有自我认知能力，那就更有价值了。这是真正了解你同事的最好方法之一。你越了解你的团队成员，就越能激励他们，他们就越能发挥他们的能力。你和团队成员之间的这种密切的联系，有助于彼此建立信任，有助于让团队成员感受到心理安全，这会营造出一个更加开放和积极的工作环境。在这种环境中，大家会毫不犹豫地说出自己的想法，并在工作中保持创新精神。

门罗创新公司（Menlo Innovations）的首席执行官里奇·谢里丹（Rich Sheridan）是一位有远见的领导者，他在世界各地巡回演讲，主题为"如何成为一位伟大的领导者"，获得了业界无数赞誉。他认为，首席执行官是负责将人们聚集在一起并促进协作、做出决策的人。他不做单方面的决定,也不认为自己是负责人。事实上,他对领导力的理解是确保他的团队能够发挥最佳状态,并让团队成员自己做出决定。这种领导方式决定了公司的发展方向。你没有告诉人们该做什么,就为他们打开了一扇门,让他们了解自己的天赋,并将其运用于实际工作中。这种沟通方式是人们发挥潜力的关键,像谢里丹这样的领导者就把这一点作为首要任务。

一位伟大的领导者会优先帮助团队找到方向。当团队成员能够发现他们的天赋并使用"业绩追踪器"时,他们就可以完全掌控自己的表现。这样的话,团队可以很容易地按照你所希望的样子运转,因为工作只有与合适的人匹配才能够取得更好的结果。团队成员会告诉你什么时候任务与他们的天赋不匹配,这有助于将工作质量保持在较高的水平。你如果可以与员工进行经常性的对话,了解他们与工作的契合程度,就有可能规避平庸甚至糟糕的工作表现。

另外,一位伟大的领导者不会把时间花在微观管理上,也不会成为团队的职业顾问。许多经理认为,他们为员工规划职业生涯是在帮他们的忙。虽然他们的出发点是好的,实际上这却成了员工的一种负担。不过,你可以使用本书中天赋养成的方法鼓励你的团队成员管理他们自己的职业生涯。你也可以改善环境,让你的员工成为他们理想中的样子,并找到适合他们的工作。

巅峰表现可以成为常态

一旦你养成了在天赋地带工作的习惯,它就会成为一种生活方式，而不是做一次，然后又被打回原形。这是一种新的思维方式，用来观察和分析你的行为及其原因。现在，你的任务就是养成这样的习惯，每天达到一种新的意识水平。随着这种意识的增强，你会开始注意到自己什么时候感到无聊，什么时候有压力，什么时候感到放松。最重要的是，你会尊重这些感觉，将其视为没有在天赋地带工作的信号，并采取必要的措施回到你的天赋地带。

我希望你能从这本书中走出来，了解如何通过发挥你的优势来取得伟大的成就。事实上，伟大不是属于少数人的，而是属于每个人的。我们每个人都可以通过天赋养成来向世界展示我们独特的价值。每个人都应该完成天赋养成的过程，向最好的、最强大的自我推进。

不管你是否拥有过理想的工作，请相信这样的工作机会就在不远处，等你去发现。如果从事一份你喜欢的工作对你来说很重要，同时你勤奋向上，你就没有理由不去从事一份完全适合你的工作。当你拥有了这样的工作，你就会发现在工作中享受快乐确实是可能的，这是一种回报，你将继续享受多年。

后 记

当我处于事业的最低谷时，我永远无法忘记那些萦绕在我脑海中的想法：假如我不能在我的职业生涯中创造出有意义的东西怎么办？我想把独特的东西带给这个世界，但那是什么呢？我下一步该怎么办？我如何做才能比现在更好？我以为我还有大事要做，难道我错了吗？

我感到无能为力。我几乎得不到支持，似乎找不到这些问题的答案。有很多书都是关于如何取得成功的，但我找不到任何能说明第一步我该怎么办的书。我希望你阅读这本书时不会产生像我这样的感受。一旦你了解了自己的天赋，并养成它，这些想法就会消失。如果这些想法又冒出来了，那么这就是一种预警，它提示你需要全力以赴，重新投入天赋养成的过程中。

这本书旨在教你更深入地了解自己。在我使用这些方法的十年内，让我感到不解的是，很少有人能够在工作中运用自己的优势。他们难以掌控自己的力量。当你走在天赋养成的路上时，这种力量就会增强。

如果你按照书中所讲的去做了，那么我保证这会改变你对自己和职业的看法。当你每周使用"业绩追踪器"时，你肯定会说："哇，我真的看到我的核心情感挑战超出了我的预期。""我这周真的在运用我的天赋，这个项目正是我想要做的那种工作。"你会发现现在的工作比你想象的更适合你，或者可能比你想象的还要不适合你。你越频繁地使用"业绩追踪器"并增强你的自我认知，越会养成不自觉地评估和纠正自我表现的习惯。最终，你会变得毫不费力。

希望你能体验到更多的快乐。在工作中发现你的目标是你以前从未经历过的事情。伴随着这种认识，你会变得轻松，它建立了你对职业生涯的信心，而且这种信心正在增强。你只要做自己，做你应该做的工作，就能激励别人。

我的梦想是，每个人都可以做这项工作，不仅激励自己，而且激励周围的人。当工作对每个人而言不再是苦差事，而是一件快乐的事时，我们的世界就会彻底改变。发挥你真正的潜力是你能给自己的最好礼物，也是世界给你的最好礼物。享受这段过程，我希望它能成为你生命中最快乐的经历之一。

附 录

"业绩追踪器"

利用"业绩追踪器"监测你一周以来的表现,你要时刻注意自己的表现,就像对你的健康、睡眠或饮食一样关注。利用"业绩追踪器"进行周监测,可以使你更加了解自己的表现,并踏上天赋养成之路。

天赋养成所需的时间取决于你的人格类型及你使用"业绩追踪器"的自律程度。我们可以在接下来的两三个月里,每周使用一次"业绩追踪器"。

一周当中选择一天来进行周分析,具体选择哪一天因人而异。我一般建议选择周五,因为这时你可以反思刚刚结束的一周的工作。仔细作答,认真思考并审视你的答案,再对自己五个核心要素的表现进行评分,你将得到一个定量分数,同时根据分数来对你的表现进行评估。你可以据此评估结果反思自己的表现,并设定下周的目标。这些目标使你能够通过采取小的改变或行动来提高你的能力发挥程度,从而帮助你在天赋地带游刃有余地工作。

花时间好好反思一下自己的工作经历和影响力吧,你要认真、真实地回答每一个问题。有些问题会提示你输入一个分数，你将对你的工作效率、某一事项的频率、影响程度等进行评分，0分是最低的分数，5分是最高的分数。你将使用这些分数来绘制你的表现曲线，并将各个部分进行比较。

理想得分是4分或5分，低于这个分数的话，对应的事项就是你要克服的困难。总的来说，你只要在某个核心要素得到低分，就是你没有在天赋地带工作的显著标志。

按周对"业绩追踪器"进行实时记录，并显示各部分的百分比，从而对你的总体表现做出评估。

使用"业绩追踪器"给自己的表现打分

"业绩追踪器"有五个部分，你要给每一部分打分。请认真阅读每一个问题，并根据所提供的标准给自己打分，在最后一列中填入分数。每周评分的准则是：

5分 = 总是

4分 = 80%的时间是

3分 = 50%的时间是

2分 = 20%的时间是

1分 = 5%的时间是

0分 = 从不

把这些分数加起来，你就能得到你的总分。实际得分除以满分得出的百分比就是你在该部分的百分比得分。

例如，如果你回答了两个问题，每个问题满分5分，你在每个问题上给自己4分，你的实际得分就是8分，用实际得分除以满分，即8/10=80%。你在这一部分的百分比得分就是80%。

注意：有些部分的得分是负分。例如，在第四个表格（"正念：自信、成长型思维模式和健康"）中，第三行问题要求你从0到-5分给自己的消极心理打分。这个表格中共有四个问题，满分是15分，将你的实际得分除以15，就是你的百分比得分。

有些问题只需要文字作答，不用打分。在这种情况下，分数格将呈灰色。

例如：

问题	回答	得分（0~5）
本周你将如何评估你对他人的影响？		4
这种影响在多大程度上符合你的目标？		4
如果影响不符合你的目标，你能做些什么来改变这种状况呢？	请详细作答	
	此部分总分	8
	总分除以10	80%

得出每个部分的分数后，把五个部分的分数相加，就可以得到一周的总分。将一周的总分除以50，即可得到本周的百分比得分。你可以将百分比数字添加到图表末尾的空格中。

1. 挑战性：发掘你的天赋

确保你积极地运用你的天赋。

问题	回答	得分（0~5）
本周你处于最佳状态几次（0~5次）？		
是什么使你处于最佳状态？请具体表述。	请详细作答	
如果没有，是什么阻止你进入最佳状态？	请详细作答	
你是否专注于你设定的目标并取得进展？	请详细作答	
	此部分总分	
	总分除以5	

2. 影响力：衡量你实现目标的程度

达到你想要的效果。

问题	回答	得分（0~5）
本周你将如何评估你对他人的影响？		
这种影响在多大程度上符合你的目标？		
如果影响不符合你的目标，你能做些什么来改变这种状况呢？	请详细作答	
	此部分总分	
	总分除以10	

3. 愉悦感：避免成为成就主义者

享受执行目标的过程，而不是成就。

问题	回答	得分（0~5）
本周你花了多少时间从事令人愉悦的工作？		
本周你花了多少时间做无聊或令人沮丧的工作？（在这里使用负分，0=完全没有，-5=大量）		
愉悦和无聊的工作的比例，你能否保持7∶3？（70%是令人愉悦的工作，30%是无聊的工作）		
	此部分总分	
	总分除以10	

4. 正念：自信、成长型思维模式和健康

重新审视你的思维过程，并意识到你的消极心理。

问题	回答	得分（0~5）
本周你有多自信？有多少次你相信自己的潜力？		
如何评价自己的消极心理？是什么导致了这些消极心理？对诱因做记录。（使用负分：0=无消极心理，-5=消极心理强烈）		
在积极地梳理消极心理以改善自我表现方面，你有多自律？		
你是否可以保证充足的睡眠、定期锻炼，注重健康？		
	此部分总分	
	总分除以15	

5. 毅力：勇气和好奇心

培养勇气和好奇心，克服逆境，不断创造机会。

问题	回答	得分（0~5）
你是如何有效地走出舒适区，并坚持自己的目标的？		
在面对变化或差异时，有多少次你保持了好奇心，而不是匆忙决断？		
本周出现了哪些干扰因素，使你无法集中精力和注意力？	请详细作答	
如何避免这种情况继续下去？	请详细作答	
	此部分总分	
	总分除以10	

	本周总分	
	总百分比	

峰值表现：快速总览

查看你一周的表现，在下面的表格中填写每个部分的百分比得分。

	类别	百分比得分
	挑战性	
	影响力	
	愉悦感	
	正念	
	毅力	

绘制你的一周表现柱状图。

```
100.00% ─────────────────────────
 75.00% ─────────────────────────
 50.00% ─────────────────────────
 25.00% ─────────────────────────
  0.00% ─────────────────────────
         挑战性  影响力  愉悦感  正念  毅力
```

现在你已经填写了"业绩追踪器"表格，找出你得分较低的核心要素。在接下来的一周内你将如何提高这个核心要素的分数？请列出五种可行的方法。

1. _____
2. _____
3. _____
4. _____
5. _____